L' ESPLORAZIONE DELLO SPAZIO

ALLE FRONTIERE DEL COSMO

太空探索

L'ESPLORAZIONE DELLO SPAZIO

[意]詹卢卡·兰齐尼 —— 主编

[意]埃米利奥·科奇　[意]马泰奥·马里尼 —— 著

杨姝睿　范淑燕 —— 译

SPM 南方传媒　广东人民出版社

·广州·

图书在版编目（CIP）数据

太空探索 /（意）埃米利奥·科奇，（意）马泰奥·马里尼著；杨姝睿，范淑燕译. —广州：广东人民出版社，2023.10
书名原文：Space Explorations
ISBN 978-7-218-16738-1

Ⅰ.①太⋯ Ⅱ.①埃⋯ ②马⋯ ③杨⋯ ④范⋯ Ⅲ.①空间探索—少儿读物
Ⅳ.①V11-49

中国国家版本馆CIP数据核字（2023）第127436号

本书中文简体版专有版权经由中华版权代理有限公司授予北京创美时代国际文化传播有限公司。

TAIKONG TANSUO
太空探索
[意]埃米利奥·科奇　　[意]马泰奥·马里尼　著
杨姝睿　范淑燕　译

版权所有　翻印必究

出 版 人：肖风华

责任编辑：王庆芳　方楚君　杨言妮
责任技编：吴彦斌　周星奎
特约编审：单蕾蕾

出版发行：广东人民出版社
地　　址：广州市越秀区大沙头四马路10号（邮政编码：510199）
电　　话：（020）85716809（总编室）
传　　真：（020）83289585
网　　址：http://www.gdpph.com
印　　刷：北京中科印刷有限公司
开　　本：889毫米 × 1194毫米　　1/16
印　　张：10　　字　数：224千
版　　次：2023年10月第1版
印　　次：2023年10月第1次印刷
定　　价：79.00元

如发现印装质量问题，影响阅读，请与出版社（020-85716849）联系调换。
售书热线：（020）85716864

目录

如果意识来源于疯狂

卢卡·佩里

一生中至少有一次梦想成为宇航员的，请举手。

在没有大气层的遮挡下观察星星，看着太阳在深邃的黑暗中光辉灿烂。在太空中自由飘浮，或是在月球表面留下注定永不磨灭的印记。最后，为什么不呢？去探索火星上的沙土，或是别的星球，抑或是其他遥远恒星系里的另一个世界。

总之，就是那些平常的事。

如果你正在读这本书，我敢肯定你也曾经这么想象过。

或许现在，你可以在不远的将来实现这些目标，因为欧洲航天局已经开放了新一类宇航员的选拔。如果你决定参加，那么，祝你好运！

就我而言，在几年前，当我意识到欧洲航天局很难接受一个半盲、色弱、超重且饮食习惯不完全规律健康的男孩作为宇航员时，我决定成为一名天体物理学家。那时，我更现实地对自己说：即使不能亲身体验，至少我可以从地球上探索宇宙。

不过梦想，永远地留在了那里——心中的一个角落。每当我的眼光停留在一个与太空有关的图像上时，我会立即把思绪收回来。所以我相信，无论人生道路如何，同样的梦，都发生在亿万人的心中。

在我认识的人当中，很少有从未想过要去太空旅行，并有勇气向我坦白的。

然而，从事实上看，这些人并不需要因此感到难为情：从理性的角度分析，宇航员是一个非常糟糕的职业。

当他们告诉我们说宇航员是世界上最好的职业，或者让我们相信没有什么比遨游太空更美妙的时候……他们显然是在逗我们开心。绝对是这样！

换个角度，如果他们告诉我们事情的真相，谁还会真的想要追随那些"怪胎"的脚步呢？

我们听到了媒体所言和看到了人物的光鲜，即一切都很好，一切都在控制之中。但他们没有告诉我们的，是多年训练的苦难与艰辛。或者说，在大部分时间里，你不仅要准备面对所有过去发生过的或者可能发生的不便，还要想象那些从未有人想到过的问题。要知道，很有可能，最终要面对一个令人做梦都想不到的局面。

他们没有向我们描述那种沉重的心理负担，当他们在与世隔绝的几个月里，远离所爱的人，从早到晚在一个幽闭且恐怖的地方工作（和生活），总是看到相同的面孔时，他们会发现自己的心理处于这种状态。并且，他们总是吃着相同的东西。

最后，很少有人会强调，那些决定在太空中执行任务的男性和女性所面临的健康问题。从短暂或不那么严重的症状——比如恶心或嗅觉下降——到那些严重的症状，比如对眼睛、循环系统、脊椎、骨骼和肌肉的影响。更不用说暴露于辐射之中以及所有那些我们甚至还不知道的问题。所以让我们面对现实吧，宇航员们不仅进行科学实验，他们自己本身就是小白鼠。

从这一点来说，也许科学实验更应该放在地球上来做，甚至都不需要人的亲身参与那就更好。但是，不，人们想去太空！甚至想要成为其他人的榜样。

比如科里斯塔·麦考利芙，这是一位 37 岁的科学教师，被美国国家航空航天局的"太空教师"项目邀请进入太空的第一位平民教师。

1986 年 1 月 28 日上午 11 点 38 分，当她乘坐的"挑战者号"航天飞机即将从卡纳维拉尔角起飞时，科里斯塔非常激动：她很快就要在失重状态下直接在太空给她的学生上科普课了！她知道世界上只有极少数的几样东西能这样激励他们。

然而，科里斯塔永远也上不了这些课了。

"挑战者号"航天飞机在起飞 73 秒后，以几乎两倍于音速的速度飞行时，由于一个垫圈故障而坠毁,科里斯塔和她的 6 名同伴当场丧生。后来发现,这个问题在过去已经发生过,但并没有引起关注。

尽管公众和媒体似乎总是很健忘,只记得住那些夸大其词的成功,但是错误和事故并不总有一个幸福的结局。

有时降落伞会像加加林归来时那样扭转,但没有造成严重后果。还有一些可能在着陆时无法正确打开,导致悲剧,就像联盟 1 号任务期间的弗拉基米尔·科马洛夫遭遇的那样。

一个被污染的过滤器会在太空行走时将液体倒灌入宇航员的头盔中,发生在卢卡·帕尔米塔诺身上的那一幕,让每个人都感到无比后怕。一个有故障的阀门也可能会意外打开,将没穿航天服的宇航员们暴露在宇宙真空中,导致他们窒息。这个事故发生在联盟 11 号任务中,格奥尔基·多勃罗沃利斯基、维克托·帕查耶夫和弗拉基斯拉夫·沃尔科夫丢了性命。

再有,一点火花不仅会像阿波罗 13 号那样导致氧气罐爆炸,而且最终将阿波罗 1 号发射之前的一次地面例行测试变成了一场灾难。

加斯·格里森、爱德华·怀特和罗杰·查菲——这 3 名葬身火海的宇航员——以及其他 11 名在太空竞赛开始时遇难的宇航员的名字,今天一起刻在了雨海的一块纪念牌上,旁边放着一个铝制的宇航员人偶。这件事,是阿波罗 15 号的指挥官大卫·斯科特在 1971 年做的。他没有告诉任何人,而是秘密地把这两件物品藏在了设备中间。他这么做,是对人类勇气的致敬,无论其国籍如何。事实上,在刻的 14 个名字中,只有 8 名是美国人,另外 6 名是尤里·阿列克谢耶维奇·加加林(死于飞机失事)、弗拉基米尔·米哈伊洛维奇·科马洛夫和其他 4 名俄罗斯宇航员。因为,正如尤里·加加林在他开创先河的任务中所说,从太空看,地球是一体的,美丽而无边界。

今天,在卡纳维拉尔角,为了纪念阿波罗 1 号机组人员,以及在太空探索史上逝去的 30 多名宇航员,这里刻着两块纪念先驱的碑文。第一块上面写着:

纪念那些牺牲了自己之所有，

只为后人能将足迹踏遍星空的人，

Ad astra per aspera

（一条坎坷的路通往星辰）

祝阿波罗 1 号机组人员一路走好。

第二块碑文上，在事故发生的日期、时间以及 3 名宇航员的姓名后面，这样写着：

他们为国效力，献出了自己的生命，为了探索人类最后的疆域得以继续。

我们铭记他们，不是因为他们如何死去，而是因为他们终其一生为之而活的理想。

宇航员的工作，是疯子的工作。

为什么要去冒生命危险？为什么不待在家，静静地躺在沙发上，省力又省钱，这钱或许还能用在别的什么地方？

这，是很多人一直在问的问题。也许你也问过自己，是什么驱使这些人冒着一切风险去换来——最好的情况下是——反胃恶心。

但我们或许应该问自己，为什么小婴儿会尝试去发现周围的环境，甚至不惜以受伤为代价？

为什么诗人要写诗，音乐家要谱曲，画家要作画？

是什么驱使直立人离开非洲大陆，又是什么让过去的探险者们不惜冒着生命危险，在疾风骤雨下的海洋中航行，进入未知的土地？

也许有一点疯狂，但肯定是好奇心和对未知与发现的渴望。"人不能像野兽那样活着。"但丁·阿利吉耶里这样写道。

虽然大脑经常试图用理性来约束人类，但我们却无法忽视来自未知的呼唤。

地球见证了人类的进化，帝国的斗争和国家的毁灭。它目睹了人类犯下的错误——只想着此时此地，以至于没有意识到自己正在摧毁自己的家园。

但我们的星球也见证了人类通过建立、发现并结成联盟，来应对未来的挑战。它看着他们顽固地尝试，在第一次雄心勃勃的飞行中失败了好几次，挑战那些似乎要将他们束缚在表面上的自然规律。

地球是一个舒适的摇篮，也许是我们能拥有的最好的地方了。但我们迟早要离开摇篮，去看看外面到底还有些什么。

通往未知的旅程，虽然肯定不是在协作的气氛中开始的，但却不能单独成行。尼尔·奥尔登·阿姆斯特朗走下登月舱的梯子时能说出"这是我个人的一小步，却是人类的一大步"这样的话，并非巧合。

当然，他必须插上星条旗，毕竟，那是在那个时代。但是宇航员们从一个特殊的角度观察，他们非常理解这一点：实际上，我们都在同一艘船上。

这艘船——即使我们试图将自己推向月球、其他行星甚至恒星——最终我们总还是会回头看看，看看它有多脆弱。

1990 年，卡尔·萨根敦促美国国家航空航天局从当时距离我们星球 60 亿千米的"旅行者 1 号"探测器上拍摄我们家园的照片。萨根看着这幅图像，把地球描绘成了一个"Pale Blue Dot"（即"暗淡蓝点"），他写道：

我们的星球是被浩瀚的宇宙黑暗包裹着的一粒孤单微尘。

在我们有限的认知里，在这一片浩瀚中，没有任何迹象表明救助会从别处而来帮助我们救赎自己。

地球是我们已知的唯一能够承载生命的世界。至少在不那么遥远的未来，没有其他任何一个地方，可供我们这一物种迁徙移民。

参观，可以。常驻，还不能。

无论你喜欢与否，目前为止只有地球才是我们的立足之地。一直说天文学是一种谦逊的体验，同时也能塑造性格。也许没有什么比这幅遥远太空中微小世界的照片，更能证明人类的自负有多愚蠢了。于我而言，这凸显了我们有责任更加和善地对待彼此，维护和珍惜这个暗淡蓝点，这是我们目前所知唯一共同的家园。"

想当宇航员是不理智的，事实上，很可能是疯了。然而，尽管存在各种风险，我们每一个人都应该怀此梦想。去发现宇宙可以告诉我们的故事，也去了解我们到底是谁，从而感觉自己不再那么重要和永恒。因为，或许，了解自己的脆弱，是生存和拯救家园的唯一途径。同时等待着，有一天，去找到更多的家园。

卢卡·佩里（Luca Perri）

意大利国家天体物理研究所天体物理学家，米兰天文馆讲师。负责利用广播、电视、印刷出版物、文化节以及社交工具等媒体平台进行科普活动。与意大利广播电视公司 Rai 电视台第三频道"乞力马扎罗"栏目、广播电台第二频道、DJ 电台、《24 小时太阳报》电台、《共和报》、科普杂志《焦点》及《焦点》（青少年版）、意大利伪科学声明调查委员会、热那亚科技节，以及贝加莫科技节等多家媒体、组织机构、平台均有合作。参与 Rai 电视台文化频道"超级夸克 +"等节目的脚本撰写与主持工作。意大利德阿戈斯蒂尼学校（德阿戈斯蒂尼出版社下属教育机构）签约作家兼培训专员，与西罗尼出版社、德阿戈斯蒂尼出版社以及里佐利出版社等合作，出版有多部科普作品。其中，《太空谣言》一书获 2019 年意大利学生宇宙科普奖。

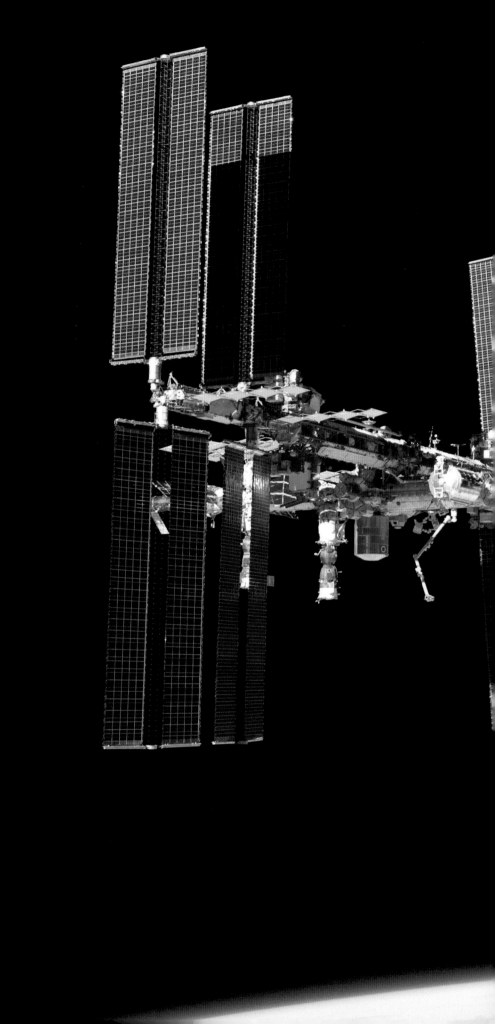

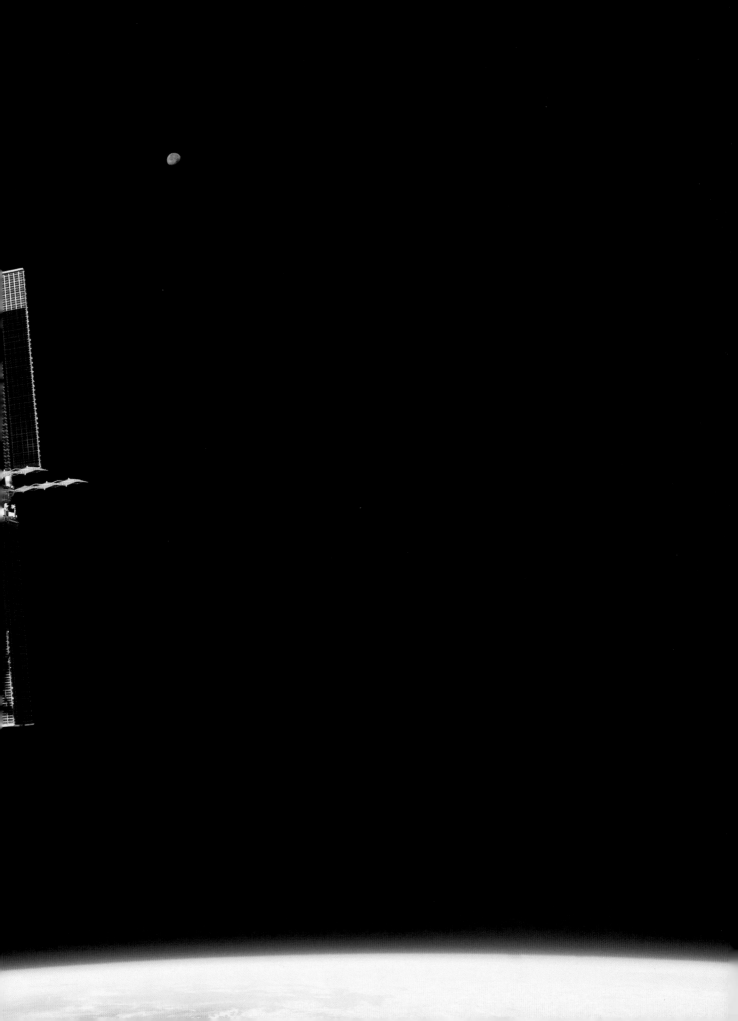

Poechali...
走起！

人类历史走到了某个时刻，太空任务开始发挥作
用，这成为世界当时两个超级大国——苏联和美
国——的头等大事。

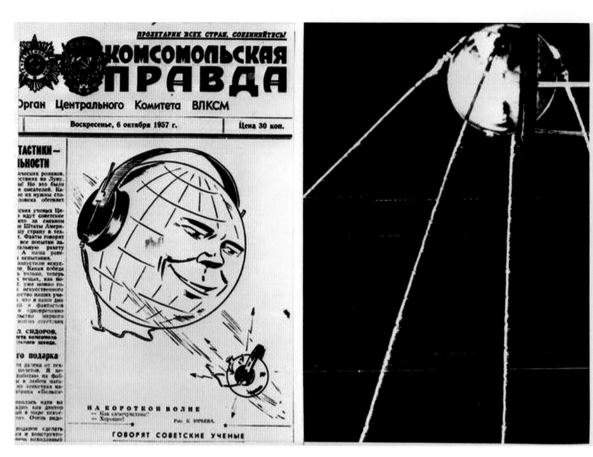

上图《真理报》首页庆祝"斯普特尼克 1 号"（进入轨道）。

下图 发射前穿着航天服的尤里·阿列克谢耶维奇·加加林，1961 年 4 月 12 日。图片来源：Aerospaceweb.org。

上页图 水星计划－红石 3 号任务启动，第一次将美国人送入太空。那是 1961 年 5 月 5 日，机上是宇航员艾伦·谢泼德，他将执行亚轨道飞行任务。图片来源：美国国家航空航天局。

人类的新时代始于一个春天的早晨，莫斯科时间上午 9 点刚过。

中午时分，全世界，或者说几乎全世界，都知道人类成为"外星人"的野心，刚刚由梦想成为现实。此外，很明显，也几乎合乎逻辑的是，这只是一个开始。人类学的进化，走到迈入银河系这一步，将只是一个时间问题。至少当早上，人类发现自己有能力超越自己的世界时，他们对这一点十分确信。

1961 年 4 月 12 日上午 9 点左右（确切地说是 9 点 07 分），27 岁代号为"雪松"的尤里·阿列克谢耶维奇·加加林进入"东方一号"宇宙飞船。在哈萨克斯坦的一个发射台上，在周围 500 千米空无一物的拜科努尔的一个秘密基地里，"雪松"起飞，他大喊着"Poechali！"，意思是"走起！"，冲出大气层，以每小时 27400 千米的速度绕地球飞行。进入轨道后，他确认这颗行星是蔚蓝色的，没有可见的边界，并补充了其他一些话语，也不知是真实的，还是受到了机会主义意识形态的支配（他最著名的自传名为《这里没有上帝》）。然后，他又返回了距离地表 100 千米厚的大气保护层里。当地时间 10 点 55 分，在完成了一次不太容易的跳伞后，他的双脚落在了位于俄罗斯西部萨拉托夫州斯梅洛夫卡村一个集体农场的地面上。

亲眼看到身着航天服的加加林从太空中降落的农民，内心仍然和全世界其他人一样感到难以置信，至少是在共产主义部分的这个世界里，他们当晚就庆祝了历史上第一位宇航员成为民族英雄，因为这刚刚证明了"太空飞行之父"康斯坦丁·齐奥尔科夫斯基的座右铭是多么真实："地球是人类的摇篮，但人类不可能永远被束缚在摇篮里。"

同样无法相信，但不那么热情的是另一半世界——由美利坚合众国领导的世界——他们再次感受到了四年前经历过的震惊和尴尬，也就是 1957 年 10 月 4 日，当名为"斯普特尼克 1 号"（俄语意为"旅伴"）的小卫星——一个直径 58 厘米的球体——在 20 兆赫和 40 兆赫的频率上从太空发出"哔哔"声时，从技术、科学和军事的角度打破了他们成为人类先锋的幻想。鉴于这样的后果，这一"震惊"值得在本书中留下文字几行。

上图 改变太空探索历史的事件发生后的第二天，《晚邮报》首页。

自 20 世纪 50 年代开始运行

从苏联的第一次任务到今天，拜科努尔航天发射场一直保持活跃状态。自苏联解体以来，该地区一直位于哈萨克斯坦境内，但直到 2050 年之前将一直租给俄罗斯。拜科努尔是世界上第一个发射探测器和执行载人任务的"太空港"，占地 7650 平方千米。它的主发射台以尤里·加加林的名字命名，加加林从那里出发进行了历史性的飞行。我们在这张照片的背景中看到了它，当时是 2016 年，正在发射联盟 TMA-20M 载人飞船。

● 图片来源：美国国家航空航天局 / 奥布里·杰米纳尼。

上图 1957 年第一颗人造卫星的技术微调。图片来源：History.com/Sovfoto。

下页图 "东方号" 飞船正在被装上拜科努尔发射台。图片来源：spacefacts.de。

美国人的答案是？对灭绝的恐惧

在太空人诞生四年前的那个十月，美国突然走到了深渊的边缘。直到几周前，共产主义的间谍之眼 "斯普特尼克" 还被认为是苏联集团技术落后的笑话，而现在它正在所有人的头上安然无恙地飞过。这颗卫星以其潜在观察和打击一切的能力，从太空威胁着整个国家：家庭、城市和 "自由世界的文明"。更糟糕的是，没有人真正知道如何与之抗争。美国国会中的一些人担心世界正处于 "物种灭绝" 的危险之中。当然，指的是西方世界。

几年后，美国记者汤姆·沃尔夫在他的书《真材实料》中写道："关于决斗的古老神话以最先进的技术版本复活了。它不再是两个最好的战士用棍棒或长剑互相挑战，在战斗中主宰各自军队的命运。科学技术和政治机器必须证明自己有能力摧毁敌人的家园，以保卫自己的家园。"

这就是人类第一颗人造地球卫星，一开始被命名为 "红月亮"，到后来才被称为 "1 号"。它发着微弱但持续不断的 "哔哔声"，冷战转移到了陆地边界之外。在那里，在太空中，一种世界观的优越性——其军事、科学和社会的优越性——从此将被证明优于对立的世界观。

那个为航天发射场洗礼的谎言

苏联人不满足于以加加林的登上太空创造历史，他们希望这次飞行能成为国际航空联合会的正式记录。但是按照规定，起飞和降落的地点必须要明确。考虑到需要对航天发射场的实际位置——在哈萨克斯坦的丘拉坦火车站附近（实际上 1957 年美国 U2 飞机已经发现了这个位置）——进行保密，苏联人对起飞地撒了谎，说成是一个位于东北方 400 千米的地方，离拜科努尔很近。

出于这个原因，后来这里被重新命名为 "拜科努尔"，一个 "服务小镇"，距离加加林离开的基地——实际上的列宁斯克——只有几千米远，这里也就是基地本身。

苏维埃稻草人

小细节：除了最亲密的合作者外，没人知道苏联太空计划的负责人谢尔盖·帕夫洛维奇·科罗廖夫对这个事件的兴趣有多少，他几乎是一个神话中的人物，华盛顿政客眼中的稻草人，连他的名字都被保密。对所有人来说，他只被称为"总设计师"，大写字母"P"和"C"。对于他这个从斯大林监狱归来的天才来说，他工程杰作中的战争政治部分，将最终臣服于将人类从地球、从齐奥尔科夫斯基的"摇篮"中带走的梦想。

这让科罗廖夫很感兴趣：开创一个太空可及的时代，使人类更接近于无垠。这绝非一种抽象的欲望；科罗廖夫从被任命为第 88 号科学研究所（导弹总体设计部门 NII-88）所长的第一天起就一直在追求它。NII-88 是一家由苏联武器部长德米特里·费多罗维奇·乌斯季诺夫领导的研究机构，致力于火箭武器的开发。他向着目标冒着风险前进，从未分心。

即使前几次试验都失败了，也是一样。当时，已经被军队高层所憎恨的太空计划似乎对苏联的战略目的没有那么大的用处，而这是它获得资金的唯一原因。更不用说当科罗廖夫有可能被关进一个古拉格劳改营，被指控为了一些和平主义的突发奇想而挪用军事工业宝贵资源的时候了。

这时候必须巧妙地掩盖自己的意图，而总设计师恰恰做到了这一点：出于科学原因，他利用他的朋友瓦伦丁·格卢什科设计的推进器，用于发射 12000 千米外的核弹头：R-7 弹道导弹，后来被命名为

行走于光明与阴影之间的太空第一人

"宇宙哥伦布"和"太空麦哲伦"只是能够说明尤里·阿列克谢耶维奇·加加林的壮举对大众想象力之影响的其中两个称号。加加林于 1934 年 3 月 9 日出生在偏远的克卢希诺村，那个 4 月 12 日，他以中尉身份起飞，成为民族英雄归来。现在是苏联的象征，为了避免风险，他被禁止再进入太空。然而，在他的坚持下，1967 年他被任命接替被遗忘的苏联英雄弗拉基米尔·米哈伊洛维奇·科马洛夫，后者在第一次联盟号任务中以悲剧告终。在公开指出它的设计缺陷后，他被边缘化，重回军事飞行员行列。1968 年 3 月 27 日，在一次试飞中，他不幸丧生。1986 年，第一个进行"太空漫步"的人阿列克谢·列昂诺夫发现事故记录中有多处改动。但至今仍无解释。

右图 哈萨克斯坦卡拉干达纪念人类第一位宇航员尤里·加加林的纪念碑。图片来源：美国国家航空航天局。

上图 康斯坦丁·爱德华多维奇·齐奥尔科夫斯基，自学成才的天才，现代宇宙航行学奠基人。

"Semyorka"（在俄语中意为"数字 7"），格卢什科是一位工程神童，他不仅早十几年就预见了美国"土星 5 号"强大的 F-1 火箭发动机，而且在一个改进版本中，将它变成了"联盟号"运载火箭，并使用了多年。

但这么做永远不是为了带来毁灭。

10 月 4 日，第一颗人造卫星刚一进入轨道，接替约瑟夫·维萨里奥诺维奇·斯大林的苏联领导人尼基塔·谢尔盖耶维奇·赫鲁晓夫就中断了在基辅举行的一次重要会议，把这个消息通知了在场所有的人。

几天后，他想见见科罗廖夫和他的部属。这不仅是为了祝贺，更是建议在 11 月 7 日俄罗斯革命四十周年纪念日之前立即再进行一次发射。考虑到太空事业引起的反响，就连批评者现在也相信，非战争任务可能是共产主义模式的最佳宣传方案。然而，为了实现这一点，这次发射一定要比第一次更加壮观。

科罗廖夫没有感到手足无措。毕竟，他刚刚展示了自己拥有一把通往无垠的钥匙。四年后，也就是 1961 年 4 月 12 日，一个代号为"雪松"的男子会在莫斯科时间的上午 9 点 07 分，展示这片"无垠"，而在华盛顿，全国性的震惊将再次像闹钟一样响起。

重新启动："直上月球"

对于美国来说，是一位年轻的新总统，第一位出生于 20 世纪的"白宫租客"，醒悟过来并迅速作出了反应。1961 年 5 月 25 日，距离加加林的壮举还不到两个月，距离美国人艾伦·谢泼德的第一次亚轨道飞行还不到三周，约翰·菲茨杰拉德·肯尼迪在联席会议上向国会发表讲话："我认为，这个国家必须在十年之内将一个美国人送上月球并安全返回地球。"

在与副总统林登·贝恩斯·约翰逊会面后，肯尼迪得出结论，实现这场太空竞赛中最雄心勃勃的目标，将是美国在世界面前击败对手的唯一机会。尽管国会没有反对肯尼迪的宣言，但这位年轻总统最亲密的助手们敦促他不要为登月目标设定最后期限。如果由他决定，他甚至会将 1967 年预设为美国首次登月的时间，但经过一番协商，他被说服在两年后谨慎地设定了这个时限。总之，这是一场黑暗中的飞跃。

事实上，在肯尼迪向国会发表演说时，甚至连美国国家航空航天局最优秀的工程师，都不知道如何将人类带到月球表面，更别说再把他平安无事地带回来。老实说，即使是为登月铺平道路的三个太空计划中的第一个，也显示出越来越复杂的情况。它叫作"水星计划"，英文名取自太阳系最内层的行星和罗马商业之神、旅者之神墨丘利。

齐奥尔科夫斯基，航天之父

"人类宇宙航行之父"，1857 年 9 月 17 日诞生于乌克兰的伊柴夫斯克村，那时赫尔曼·奥博特和罗伯特·戈达德还没有破坏西方火箭技术。康斯坦丁·爱德华多维奇·齐奥尔科夫斯基来到地球是为了向人们展示人类该如何摆脱引力。2 岁时，猩红热使他几乎失聪，他被禁止接受义务教育。16 岁时，他又被一所技校拒之门外。然后，作为一个自学成才的人，他制定了几乎所有关于火箭的基本概念。如火箭的基本公式，以及需要多级助推器，以便在上升过程中摆脱重力。他一直生活在贫困的边缘，随着共产主义的出现，他开始被认为是最杰出的典范和科学天才。他于 1935 年 9 月 19 日去世，被一代技术人员奉为行业标杆，他们一步一步地实现了他对火箭的直觉。

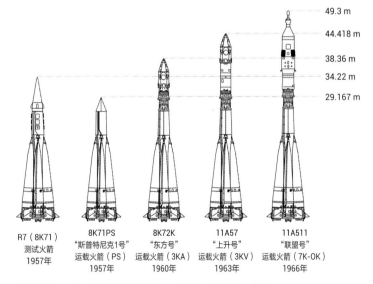

上图 比较了苏联一些最重要的轨道火箭。图片来源：艾曼纽尔·迪赛。

下图 齐奥尔科夫斯基公式，根据该公式，火箭的速度增量（Δv）等于喷流从其发动机中排出时相对于火箭的速度（v_e）乘以火箭本身在排出喷流之前的初始质量（m_i）与排出喷流后最终质量（m_f）之比的对数。

$$\Delta v = v_e \ln \frac{m_i}{m_f}$$

（图中火箭标注）
- 49.3 m
- 44.418 m
- 38.36 m
- 34.22 m
- 29.167 m

R7（8K71）
测试火箭
1957年

8K71PS
"斯普特尼克1号"
运载火箭（PS）
1957年

8K72K
"东方号"
运载火箭（3KA）
1960年

11A57
"上升号"
运载火箭（3KV）
1963年

11A511
"联盟号"
运载火箭（7K-OK）
1966年

水星七杰

1958 年 7 月，在德怀特·戴维·艾森豪威尔担任总统期间，他签署了《美国国家航空暨太空法案》，也就是美国国家航空航天局（National Aeronautics and Space Administration，缩写为 NASA）的创制法案，但水星计划尚未实现其让一位美国公民绕地球轨道飞行的启动目标。也就是说，在肯尼迪发表的演讲旁边，已经写上了一个名字，一个俄罗斯名字。

为了实现该计划，它被分成了三个阶段。第一阶段的内容是挑选一组大气层外飞行员和开发适当的安全系统。第二阶段涉及红石弹道导弹对人类亚轨道飞行的助推调整。说到这枚导弹的开发，在海军研究中心研制的"先锋号"令人尴尬的首次亮相——起飞后几秒钟就表现出坠毁的险恶倾向之后，他们转而求助于陆军弹道飞弹署的工作人员，领导者是毁灭性 V-2 导弹的创造者沃纳·冯·布劳恩，这是在阿道夫·希特勒的德国投降前不久，向美国投降的一位有着黑暗历史的天才。水星项目的第三阶段则是用强大的宇宙神运载火箭将载人太空舱送入轨道。

为了实现每个阶段，在将太空舱的生产任务交付给密苏里州圣路易斯的麦克唐纳飞行器公司之后，美国历史上第一次将太空新兵引入其部队编制中，后来才将其更名为"宇航员"。这里有必要说明一下他们的选择条件以及他们应该做什么。首先，他们必须是 40 岁以下的男性，身心健康状况极好，具有工程或相关技术学科的文凭，并且拥有至少 1500 小时喷气式飞机的试飞经验。所有这些要求外加一个不超过 183.5 厘米的身高，这是由未来太空舱的小尺寸所限制的，正如他们过去所说，这些圆锥形的太空舱长 3.3 米，宽 1.8 米，与其说是驾驶，不如说是"穿在身上"更为贴切。

这些标准被应用于最初的 110 名军事飞行员候选人中，其中 7 人于 1959 年 4 月 9 日公开宣布成为宇航员。

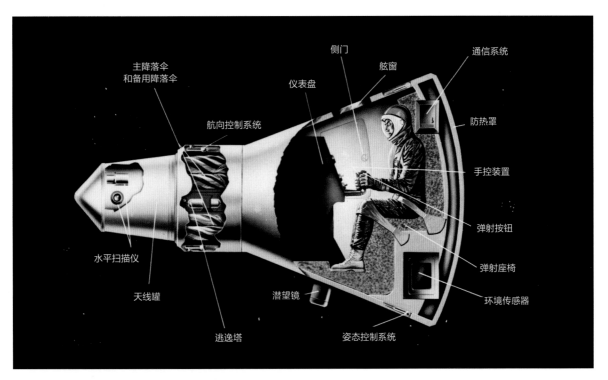

上图 水星计划的太空舱部分，图片来源：美国国家航空航天局。

水星计划的飞船和机组成员

任务名称	飞船名称	发射日期	持续时间	航天员
水星－红石 3 号	"自由 7 号"	1961 年 5 月 5 日	15 分	艾伦·谢泼德
水星－红石 4 号	"自由钟 7 号"	1961 年 7 月 21 日	16 分	维吉尔·伊万·"加斯"格里森
水星－宇宙神 6 号	"友谊 7 号"	1962 年 2 月 20 日	4 小时 55 分	约翰·格伦（美国首次轨道飞行）
水星－宇宙神 7 号	"极光 7 号"	1962 年 5 月 24 日	4 小时 56 分	斯科特·卡彭特
水星－宇宙神 8 号	"西格玛 7 号"	1962 年 10 月 3 日	9 小时 13 分	瓦尔特·施艾拉
水星－宇宙神 9 号	"信仰 7 号"	1963 年 5 月 15 日	34 小时 19 分	戈尔登·库勃

月亮男爵沃纳·冯·布劳恩（党卫军成员）

美国太空竞赛的领军人物是一个有着朦胧过去的德国人——沃纳·冯·布劳恩，尽管他是纳粹党卫军的著名成员，但他的名字却成了传奇。

1912 年 3 月 23 日，男爵出生于维尔西茨的一个贵族普鲁士家庭，他在孩提时代就表现出对机械的本能倾向。1932 年，受到希特勒重整军备热情的影响，他作为工科博士生，在第一批应征入伍。他的工作促进了波罗的海佩内明德基地的建设，那是一个专门用于开发弹道导弹的秘密基地。在那里，他领导设计了"A-4"火箭计划，并将其更名为"Vergeltungswaffe"（或 V-2 导弹，"报复性武器-2"）。

尽管 V-2 导弹具有毁灭性，但它未能改变世界大战的结果。为了避免因为知晓德军太多秘密而被杀害，冯·布劳恩和佩内明德的技术人员于 1945 年 5 月 12 日向美国投降。这位男爵在导弹项目上取得了巨大飞跃，正是他的"土星 5 号"将美国带上了月球。尽管他当时已是一位明星，甚至与华特·迪士尼一同出演电视节目，但他从未成功让人们忘记自己的过去。在美国联邦调查局的控制下，他于 1972 年离开了美国国家航空航天局，尽管调查没有任何结果，但他的角色已经变得微不足道。1977 年 6 月 16 日，他在被任命为天空实验室项目主管的几年后去世。

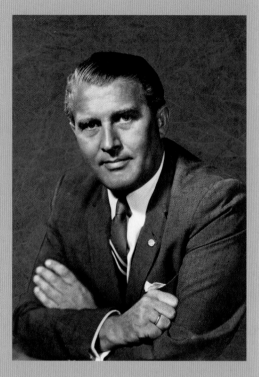

上图 沃纳·冯·布劳恩 1960 年的照片。图片来源：美国国家航空航天局 / 马歇尔太空飞行中心。

他们的名字是马尔康·斯科特·卡彭特、勒罗伊·戈尔登·库勃、约翰·赫歇尔·格伦、维吉尔·伊万·格里森、瓦尔特·马蒂·施艾拉、艾伦·巴特利特·谢泼德和唐纳德·肯特·斯雷顿，但全世界立即称他们为"水星计划七人"。

他们接受的训练通常包括三个阶段：一般个人训练、团体训练和任务专项训练。在训练结束时，每个太空新兵都必须学会理解和操作航天器，并且掌握在必要时修理航天器的技术技能。

然后，随着发射的临近，增加一个模拟阶段，通常是在 1:1 复制的飞行器内进行，以提高每个航天员的效率，使每项活动成为近乎本能的操作。

美国国家航空航天局精心地策划，巧妙地使用传播策略，将宇航员的个人传记独家授权流行杂志《生活》刊登，使得这 7 名宇航员立即成了名人，但最后只有 6 人乘坐水星太空舱进行了飞行。斯雷顿因选拔后出现的心脏问题，直到 1975 年才进入太空。在此之前他领导美国宇航队多年，并决定由谁来执行哪一项任务。其余的 6 人中，一位被称为"加斯"的维吉尔·伊万·格里森成了美国太空计划的第一位"殉道者"，但这将在后面专门针对阿波罗计划的章节中提到。现在让我们回到肯尼迪向国会发表声明的日子。

上图 水星计划 7 人在新闻发布会上向公众展示宇宙神火箭和水星舱的模型。左起：施艾拉、谢泼德、格里森、斯雷顿、格伦、卡彭特和库勃。图片来源：美国国家航空航天局。

加油，格伦，我们落后了！

1961 年 5 月 5 日，谢泼德乘坐他的"自由 7 号"飞船进行了亚轨道飞行后，7 月 21 日，格里森乘坐的"自由钟 7 号"飞船的舱门意外提前开启，他甚至差一点与飞船一起沉入大西洋。直到同年 11 月 29 日，在黑猩猩伊诺斯进行了试飞之后，约翰·赫歇尔·格伦实现了水星计划的目标，他的"友谊 7 号"在地球轨道上巡航。虽然，由于自动驾驶出现故障，他甚至被迫进行了三次（至少两次）手动操纵。

1921 年，格伦出生在俄亥俄州坎布里奇一个非常虔诚的家庭，他接受过科学教育，并在日本偷袭珍珠港后成为一名海军陆战队飞行员。在马绍尔群岛战役之后，他还参加了朝鲜战争。战争结束后他成了一名试飞员，他是当时最好的试飞员之一，能够创造多项航空速度纪录，并且在电视演播厅里也能同样轻松自如。

多年以后，当时已 77 岁高龄，政治生涯稳固的格伦仍然执行了一项航天飞行任务，但这绝非巧合。格伦曾经并一直是星条旗下爱国者代表的化身，他有着花岗岩般坚定的价值观，随时准备为事业献身，他不仅训练有素，而且很重要的是，他面对相机和镜头都有一个完美的微笑。换句话说，他是国家钦定的决斗者的典范，代表国家加入战斗，是汤姆·沃尔夫笔下的杰出战士，一个"真材实料"的人选。

也是出于这个原因，他的轨道飞行为民族自豪感注入了信心。美国把这位航天员当成英雄来庆祝，美国国家航空航天局收到了数以百计要求他公开露面的请求，这也证实了这位新的宇宙朝圣者在公共关系方面呈现出的潜力。

但遗憾的是，对格伦和美国来说，此时的苏联已经将加加林的成绩翻了一番，格尔曼·季托夫已于 1961 年 8 月 6 日乘坐他的"东方 2 号"宇宙飞船进入了轨道。尽管赫鲁晓夫明确要求了推迟发射时间，以期为这场新地外活动的成功而举办的庆祝活动，能分散国际舆论对（8 月 13 日）开始建造的柏林墙的注意力。

在这场太空竞赛中，美国仍然落后，水星计划的最后三次飞行也没能改变这一事实。1962 年 5 月 24 日，卡彭特完成了三次绕地轨道飞行，是施艾拉在 10 月 3 日飞行距离的一半。该项目的最后一次发射是在 1963 年 5 月 15 日，库勃登上了名为"信仰 7 号"的太空舱，在 34 小时 19 分钟内环绕地球 22 圈。库勃成为最后一个独自进入太空的美国人，尽管制动火箭自动控制系统出现了一些故

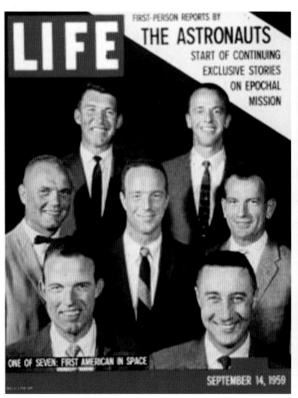

左图 飞行员杰瑞·科布与"水星号"宇宙飞船的船舱合影。图片来源：美国国家航空航天局。

下图 最新使用的太空假人，这些假人的重量和体积与宇航员相同，在测试阶段使用。图片来源：兰利/大卫·C.鲍曼。

障，但它展示了美国在航天系统和太空任务的重大改进。此时每个人都清楚地意识到，尽管在这场战争中暂时失利了，但如果美国能率先触碰到月球，依然可以赢得战争。正如肯尼迪两年前向国会指出的那样。因此，事实证明，水星计划对于应对未来的挑战至关重要。

不过现在，该轮到双子星继续比赛了。

水星十三女杰

当美国国家航空航天局接到通知时，他们明确表示没有计划与女性机组人员一起执行任何任务。在水星七杰出现后不久，负责此次评选的科学家之一威廉·洛夫莱斯二世想核实一下女性是否能在测试中取得同样好的成绩。第一个确认的结果来自飞行员杰瑞·科布，然后是来自其他 18 名接受过秘密测试的女性飞行员。信息被媒体截获后，这条新闻把得分最高的 12 名候选人，外加科布本人，变成了"水星计划十三人"。但洛夫莱斯的努力毫无价值：美国国家航空航天局需要经过 21 年才能改变主意。

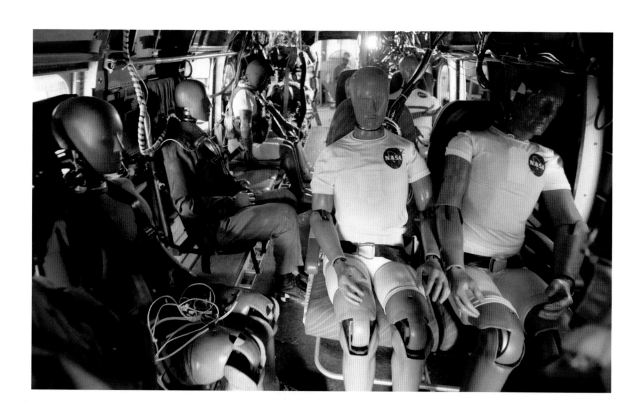

七个银人

水星七杰，也被称为"原始七人组"，身着航天服。前排左起：瓦尔特·马蒂·施艾拉、唐纳德·肯特·斯雷顿、约翰·赫歇尔·格伦和马尔康·斯科特·卡彭特。他们身后是艾伦·巴特利特·谢泼德、维吉尔·伊万·格里森和勒罗伊·戈尔登·库勃。

● 图片来源：美国国家航空航天局。

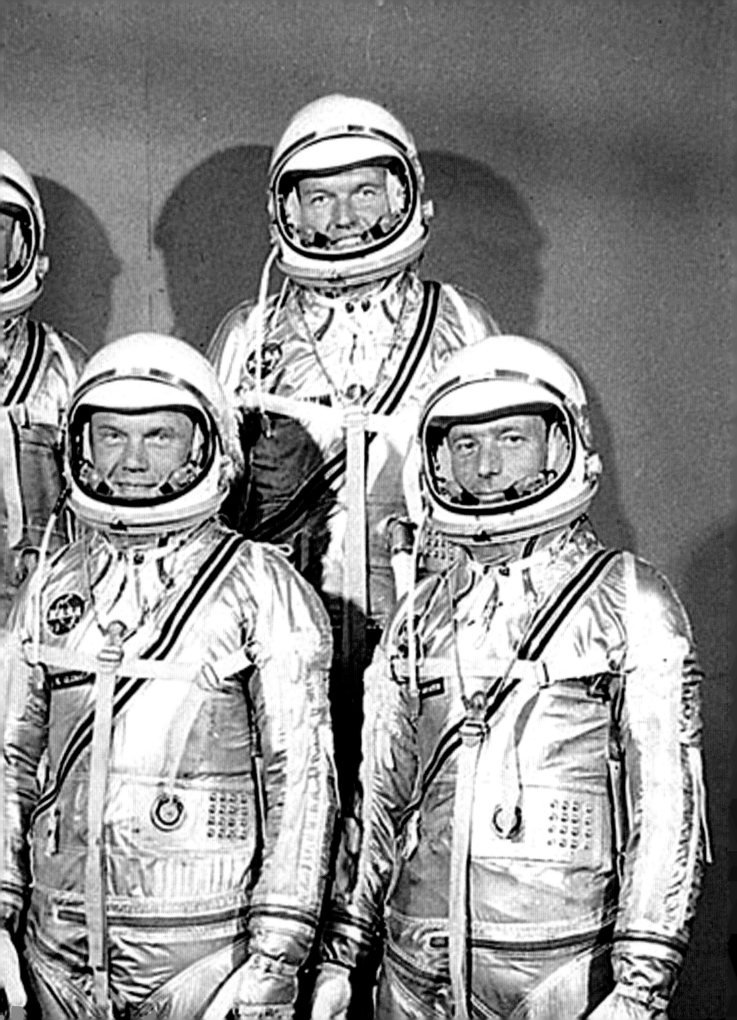

第二章

太空的主人

一开始，苏联人拔得头筹：他们发射了太空中的第一颗人造卫星，苏联成为第一个绕地球轨道飞行的国家。然后美国试图通过实施双子星计划来扳回一城。

加加林和季托夫只是冰山一角。苏联有意隐藏一座冰山，其选拔和训练被称为"宇航员"的太空探险家的过程，被一直保密。1959年，谢尔盖·帕夫洛维奇·科罗廖夫在航空科学研究院的支持下成立了一个委员会，负责该项目的选拔工作，以此对总设计师付出惨重代价的军队致敬。尽管和美国一样，选择权立即落在了飞行员身上，但科罗廖夫的标准与世界另一端的标准不同。苏联需要非常年轻的男孩，最多30岁，刚从空军学院毕业，只需拥有三等（较低等的）执照，无须受过任何额外的技术教育。但同时，对身形特征的要求非常严格，身高最多不超过170厘米，体重不得超过70公斤。

1959年4月，当有人告诉科罗廖夫，美国国家航空航天局刚刚挑选了7个人，准备发射到大气层之外时，科罗廖夫透露了他的意图：如果苏联如他所想象的那样，想要在20世纪80年代中期到达火星，那就还需要更多的人。这也证明了未来宇航员的年轻化是合理的。

首批地外朝圣者的初始名单上有3000名军事飞行员，他们已经能轻松驾驶当时最强大的飞机。在根据医疗记录进行初筛后，留下了347个名字。又经过了保密而严格的审查程序以及对服役状态可能产生的影响——对于那些暴露出心理健康缺陷的人，建议取消飞行资格——的一系列筛查之后，很快这份未来宇航员的名单减少到了20人，并被列为"绝密"（其中一部分名字被一直保密到了1986年）。其中的11人，在后来飞入太空并完成了至少一次轨道飞行任务。而

在这 11 人中，尤里·加加林、阿纳托利·卡尔塔舍夫、安德里亚·尼古拉耶夫、帕维尔·波波维奇和格尔曼·季托夫很快就脱颖而出，成为同伴们的楷模。

1960 年 2 月 20 日，当一些人仍然不知道他们被选中的目的时，这些未来宇航员和他们的家人被转移到了泽利奥尼（意为"绿色"）训练中心，后来改名为 Zvёzdnyj gorodok（"星星之城"），位于距离莫斯科约 40 千米的小镇切尔科沃。1934 年因拯救极地探险队成员而闻名的苏联飞行员同时也是民族英雄的尼古拉·卡马宁将军被任命为该中心的负责人。

一个不太出彩的"星星之城"

在契卡洛夫斯基空军基地旁边的一片树林中在建的训练中心当时还没有住宿场地，这就是为什么未来的宇航员们，包括有家室的那些，几个月来被迫共用狭窄的工作室。但他们已经算最幸运的了；其他人，比如阿列克谢·列昂诺夫和他的妻子，睡在排球场边健身区的帆布床上，只有一些贴在比赛网上的报纸，保护着隐私。此外，从那时起，由于缺乏像美国国家航空航天局这样集中、高效又资金雄厚的机构，苏联人只好照搬竞争对手的训练方法，而这些方法总是受到媒体的关注。就连用于训练的设施——游泳池、高压舱、

拓展阅读
如果我们一起去月球呢？

如果苏联和美国不是在太空竞赛中互为对手，而是一起比赛，又会发生什么？这并非幻想，而是一种和解。在 1961 年 1 月的就职演说中，肯尼迪向赫鲁晓夫发表讲话，要求他合作探索"星辰"。加加林的成功飞行和猪湾入侵事件后，肯尼迪在中情局的支持下重返白宫，在同年 6 月的维也纳峰会上，他亲自邀请苏联领导人共同开发阿波罗计划。1963 年 9 月 20 日，在联合国的一次演讲中，该建议被再次提出，他也因此声名鹊起。赫鲁晓夫最初持怀疑态度，但后来证明这是有可能的，前提是两个超级大国首先解除武装。与此同时，尽管苏联正式宣布任何登月计划都还为时过早，他还是让自己的儿子谢尔盖代表克里姆林宫评估该提议。谢尔盖当时是科罗廖夫第一特殊设计局的工程师。据他了解，此次合作对双方都有利。但谈判就此停止了，肯尼迪于 1963 年 11 月 22 日在达拉斯遇刺，赫鲁晓夫则在不到一年后被罢免。

右图 1962 年 9 月 12 日，约翰·菲茨杰拉德·肯尼迪在休斯敦赖斯大学体育场发表著名的登月演说。就在这个场合，也就是 1963 年演讲的前一年，美国总统已经谈到了"和平合作"。

上图　1963 年 10 月 19 日，瓦莲京娜·捷列什科娃在柏林举行的纪念宇航员游行中，柏林当时属于东德。后面的车里坐着尤里·加加林。图片来源：Bundesrchiv, Bild 183-B1019-0001-051 / Sturm，Horst（CC-BY-SA 3.0）。

离心机——也仍在建设中，这就使得早期的准备工作仅限于体育活动、跳伞训练和关于太空飞行原理的理论课程。

　　设施上的缺陷和时间上的延误并没有阻碍科罗廖夫、卡马宁及他们的手下先于其他人完成太空竞赛的每一个阶段。加加林胜利归来之后季托夫再次凯旋，尽管历史上第一次出现"太空病"，但是 25 个小时轨道飞行的历史证明人类可以在微重力环境下长期生活和工作，1961 年 12 月 30 日，苏共中央签署了一项选拔 16 名新宇航员的计划，其中包括至少 5 名女性。这个想法直接来自赫鲁晓夫，他决定派一名女工，也就是一位女性平民，来代表人民进入太空。这是一种能够展示共产主义平均主义和苏联技术卓越的姿态，简单而可靠。

　　选拔工作于 2 月 28 日完成，当时有 5 名年龄在 20—30 岁、除伞兵执照外没有特殊职业技能的女孩被录取进入航天部队，她们是塔季扬娜·德米特里耶夫娜·库兹涅佐娃、瓦莲京娜·波诺玛廖娃、然娜·约尔金娜、伊琳娜·巴亚诺夫娜·索洛维约娃和瓦莲京娜·捷列什科娃。然而，苏联没有立即采取行动将她们带到太空，因为有必要对美国第一次轨道飞行的成功作出反应。尽管为了支持间谍卫星，苏联的载人飞行暂时中断，美国人约翰·格伦进入太空引起的轰动必须被降低。

　　科罗廖夫和卡马宁被赋予了一项更为引人注目的任务，太空计划的领导人同意了这项任务，前提是"东方计划"在 1961 年被削减的资金能得到补充。和以往一样，是总设计师提出了最佳的方案：必须将

更改标志

俄亥俄州克利夫兰市刘易斯研究中心飞行研究大楼的屋顶。1958 年 10 月，NACA（国家航空咨询委员会）改为 NASA（美国国家航空航天局），屋顶上的"C"变成了"S"。

● 图片来源：美国国家航空航天局。

两个人送到同一个轨道上，彼此相距不远，并且至少有两天的联合任务。原本准备于7月进行，但为了防止美国（9日）在轨道上引爆的核弹释放出的辐射危害宇航员的健康，该任务被推迟到8月11日开始。

尼古拉耶夫乘坐的"东方3号"飞船和间隔24小时后发射的波波维奇乘坐的"东方4号"飞船被放置在相同的轨道高度，彼此相距几千米，分别完成了4天和3天的完美飞行。

尽管波波维奇在返回地球后宣称他看到自己同事的太空舱像个"小月亮"，在离他如此之近的位置飞过，但在提交给任务负责人的报告中他否认了这一点。这两个飞行器相距超过5千米，而且很有可能在不同的轨道面上飞行。但这还不错，甚至可以说很好，因为两艘"东方号"的发射基本上只是出于宣传的目的。实际上，这些太空舱甚至没有能够执行轨道机动任务的发动机，但正是这种假定的能力，以及它所引发的技术改进，再次给美国和世界舆论留下了深刻的印象。

科罗廖夫抓住了这一时机。尽管从1959年起他就开始考虑这一点，但从1962年底开始，他将他的第一特殊设计局用于设计新一代的太空舱。它们应该是可操纵的，能够相互对接或与其他飞机对接，并停靠在为飞越月球做准备的未来站点。这项雄心勃勃的计划需要进一步增加宇航员的数量，尤其是在出现了一些叛逃者以及那些已经飞行过的宇航员作为名人频繁公开露面之后。21名新太空探险家的遴

下图 1962年2月20日发射前不久，宇航员约翰·格伦进入"友谊7号"水星太空舱。图片来源：美国国家航空航天局。

上图 1969 年 12 月 1 日访问克里姆林宫的宇航员。前排左起：阿列克谢·叶利塞耶夫、乔治·贝列戈沃、瓦莲京娜·捷列什科娃、弗拉基米尔·什阿塔洛夫、弗拉季斯拉夫·沃尔科夫、鲍里斯·埃戈罗夫和乔治·什奥尼。后排左起：格尔曼·季托夫、瓦莱里·比科夫斯基、帕维尔·贝利亚耶夫、帕维尔·波波维奇、康斯坦丁·费奥蒂斯托夫、阿列克谢·列昂诺夫、空军上将尼古拉·卡马宁、维克托·戈尔巴特科、瓦莱里·库巴索夫、安德里亚·尼古拉耶夫、叶甫根尼·克鲁诺夫和阿纳托里·菲利普琴科。图片来源：俄新社档案馆，图片编号 612433/ 亚历山大·莫克列佐夫（CC-BY-SA 3.0 协议）。

选工作随即开始。几个月后，也就是 1963 年 5 月，科罗廖夫签署了未来太空舱设计的第一项计划。在接下来的几十年里，它们的名字不仅会为粉丝们所熟悉，而且变得家喻户晓——Sojuz，"联盟"。就像是在祝福几周后翻开的历史新篇章。

群星间的海鸥

　　"东方 5 号"和"东方 6 号"宇宙飞船的联合任务于 1963 年 6 月展开。它们的航程与上一次探险类似，除了一个细节——一如既往地让全世界感到惊讶——这一次，两个航天器之一的指挥官，是一位名叫瓦

苏联太空计划的五个历史日期

- 1957 年 10 月 4 日："斯普特尼克 1 号"是第一颗飞入太空的人造地球卫星。
- 1961 年 4 月 12 日：人类首次绕地轨道运行。他是尤里·加加林，代号"雪松"。
- 1963 年 6 月 16 日："海鸥"瓦莲京娜·捷列什科娃是第一位穿越地球大气层的女性。
- 1964 年 10 月 12 日：第一批三人机组飞入轨道。
- 1965 年 3 月 18 日：阿列克谢·列昂诺夫离开太空舱 10 分钟，这是人类历史上第一次出舱活动。

上图 1970 年 6 月 1 日，宇航员瓦莲京娜·捷列什科娃在轨道任务 7 年后的一次演讲中。图片来源：俄新社档案馆，图片编号 712400/亚历山大·莫克列佐夫（CC-BY-SA 3.0 协议）。

真正的环球小姐

瓦莲京娜·捷列什科娃，1937 年 3 月 6 日出生在雅罗斯拉夫尔州的一个村庄，她被《每日快报》称为"真正的环球小姐"。她的父亲是一名拖拉机司机，在第二次世界大战中丧生。幼年丧父的她，由于经济状况不稳定，不得不在 17 岁时离开家人，成为一名工厂工人。带着她的第一笔积蓄，她通过函授学习并进入了跳伞学校。与此同时，她开始了自己的政治生涯，成为共青团地方团支部的秘书。

过硬的身体素质、坚定的决心毅力、拥有伞兵的经验外加政治上的活跃，使她跻身莫斯科前 40 名宇航员候选人之列，并最终成为留下的五个人之一。从技术上讲，捷列什科娃不如她的同伴——有人认为，将她送入轨道的选择与跟她的导师、未来的丈夫安德里亚·尼古拉耶夫订婚一事有关——从卡马宁的日记可以看出，首席遴选官对她果断的性格有多么偏爱。

她在着陆三天后被称为"苏联英雄"。1966 年 5 月，她被选为最高苏维埃成员，这是她享有盛誉的政治生涯中一个重要里程碑，并且她的政治生涯至今仍在继续。月球背面的一座环形山，以她的名字命名。

莲京娜·捷列什科娃的宇航员，代号为 Čajka，即"海鸥"。她于 6 月 16 日从拜科努尔起飞，与两天前起飞的瓦莱里·贝柯夫斯基进入同一轨道，格林尼治标准时间的上午 9 点 30 分，作为第一位穿越地球大气层的女性，她的名字被写入历史。尽管捷列什科娃的飞行更像是赫鲁晓夫巧妙的宣传噱头，但她围绕地球飞行了 49 圈，直到 6 月 19 日早上，一直停留在太空中，飞行时间比"水星七杰"的总和还要长。

然而，苏联太空计划的高层并不认为这是一项成功的任务：一进入轨道，宇航员就感到不适并开始呕吐（当时还不知道"太空病"会影响大约一半的宇航员，无论他们准备得如何），然后她陷入了沉睡，很长一段时间都停止了对任务控制通信的响应，这表明存在严重问题。

着陆后，她违反所有安全协议，打开了头盔面罩，并且将舱内剩余的食物分发给蜂拥而至的人群，从而破坏了正在进行的微重力下热量消耗实验。此外，她还被坠落的残骸弄伤了脸，她强迫摄影师在几天后才为她拍照，当时她被带回着陆点讲述了一段不同的结局。

这时候，不仅任务的结果说服了科罗廖夫阻止其他女性再飞入太空——这一命令直到 1982 年随着斯韦特兰娜·萨维茨卡娅的发射升空才被打破——而且军备部也相信载人发射在战争中是徒劳的，随即便展开了一场反对总设计师的运动，总设计师将该项目交由中央航天局负责，这是由航空和导弹部队管理的部门，由他们担任关键角色。

在这场争议中，科罗廖夫被要求在一艘宇宙飞船内同时发射不是 2 个人，而是 3 个人。这是对美国双子星计划的回应，其太空舱比"水星号"和"东方号"都要先进，所以苏联的太空飞船必须进行大修。一系列的变化成就了"Voschod 号"（俄语中的"黎明"和"旭日"，通常译为"上升号"）的诞生，但却导致了联盟号项目以及科罗廖夫整个计划的放缓。此外，还间接地导致了几年后 3 名宇航员的死亡。

上图 玛格丽特·汉密尔顿，为阿波罗 11 号制导计算机编写代码的女性，代码包含在她身旁的一摞书中。图片来源：麻省理工学院博物馆。

太空女性：美国国家航空航天局的女性们

尽管处于媒体关注的边缘，但基蒂·奥布莱恩、乔伊纳、珍妮特·西斯姆、梅尔巴·罗伊·穆顿、珀尔·l.杨，以及后来的乔安·摩根或弗朗西斯·诺斯卡特等女性对航天史的书写作出了巨大贡献。

其中最著名的是凯瑟琳·科尔曼·约翰逊，她计算了水星火箭和阿波罗登月火箭的轨道。与多萝西·沃恩和玛丽·杰克逊一起，成为电影《隐藏人物》的灵感来源。

2019 年费尔蒙特的独立验证和确认设施以她的名字命名。

1994 年，物理学家卡罗琳·亨通开始担任约翰逊航天中心的负责人。玛格丽特·汉密尔顿则领导麻省理工仪器实验室的计算机工程部门，并对阿波罗制导计算机软件的开发作出了决定性的贡献。

第一次"EVA"太空漫步：不是一次散步

1965 年 3 月 18 日，阿列克谢·阿尔希波维奇·列昂诺夫是第一个从宇宙飞船中出来，漫步太空的人。将航天服密封后，他进入"上升号"的气闸舱，并离开了飞船，仅用一根"脐带"将自己与太空舱相连。

然而不到 10 分钟，他意识到他的返程变得非常困难。尽管事先已经采取了一些硬化措施，但航天服还是膨胀得比舱门更大。努力挣扎强行返舱的唯一结果是大汗淋漓的他体温升高了近 2℃。在氧气几乎耗尽的情况下，列昂诺夫决定释放航天服中的部分氧气，这个动作可能会在几秒钟内杀死他。但他成功了，回到了"上升号"，他的名字被载入了史册。

上图 1965 年 3 月 18 日，阿列克谢·阿尔希波维奇·列昂诺夫首次进行"太空行走"。图片来源：国际航空联合会。

右图 美国太空计划负责人沃纳·冯·布劳恩（右）与洛克达因公司设计制造的 F-1 发动机合影，该发动机是"土星 5 号"的第一级发动机。图片来源：美国国家航空航天局。

（两人到三人的）室内活动空间

在"东方号"成功飞行后，科罗廖夫不得不用同一个飞行器将多名宇航员送入轨道。出于这个原因，他将第一特殊设计局用于建造"上升号"宇宙飞船，该飞船与之前的飞船一样大，但是空余部分和安全装置要少得多，以便在内部获得更多的载人空间。由于重量更大，"上升号"还需要一个新的运载火箭，一个改进的 R-7 火箭，名为"闪电号"8K78-M。

结果很快就出来了，尽管该计划只持续发射了两次，这也是由于苏联新领导人对此越来越不感兴趣。在批准载人登月的法令签署两个月后，赫鲁晓夫于 1964 年 10 月被撤职。他的继任者要求科罗廖夫专注于联盟号项目，包括其在军事领域的应用。事实证明，他们不太愿意利用太空计划创造新的科学纪录。但他

"双子星座" 计划

任务名称	太空舱名称	发射日期	飞行时间和绕地圈数	宇航员
双子星 3 号	莫莉·布朗	1965 年 3 月 23 日	4 小时 52 分（3 圈）	维吉尔·格里森、约翰·杨
双子星 4 号	———	1965 年 6 月 3 日	97 小时 56 分（66 圈）	詹姆斯·麦克迪维特、爱德华·怀特（美国第一次出舱活动）的宇航员
双子星 5 号	———	1965 年 8 月 21 日	190 小时 55 分（120 圈）	戈尔登·库勃、查尔斯·康拉德
双子星 7 号	———	1965 年 12 月 4 日	330 小时 35 分（206 圈）	弗兰克·博尔曼、詹姆斯·洛弗尔
双子星 6A 号	———	1965 年 12 月 15 日	25 小时 51 分（16 圈）	瓦尔特·施艾拉、托马斯·斯塔福德
双子星 8 号	———	1966 年 3 月 16 日	10 小时 41 分（6 圈）	尼尔·阿姆斯特朗、大卫·斯科特
双子星 9 号	———	1966 年 6 月 3 日	72 小时 21 分（47 圈）	托马斯·斯塔福德、尤金·塞尔南
双子星 10 号	———	1966 年 7 月 18 日	70 小时 47 分（43 圈）	约翰·杨、迈克尔·柯林斯
双子星 11 号	———	1966 年 9 月 12 日	71 小时 17 分（44 圈）	查尔斯·康拉德、理查德·戈尔登
双子星 12 号	———	1966 年 11 月 11 日	94 小时 35 分（59 圈）	詹姆斯·洛弗尔、小埃德温·尤金·奥尔德林

们也没有缺席：1964 年 10 月 12 日，鲍里斯·埃戈罗夫博士、工程师康斯坦丁·费奥蒂斯托夫（第一批进入太空计划的平民）和军事飞行员弗拉基米尔·科马洛夫组成了"上升 1 号"宇宙飞船的机组，事实上，他们被安置在同一个太空舱里，这让美国人再一次震惊于自己有多落后。1965 年 3 月 18 日，当阿列克谢·阿尔希波维奇·列昂诺夫与帕维尔·贝利亚耶夫同时乘坐"上升 2 号"进入轨道后，这种感觉越发强烈。列昂诺夫离开了太空舱 10 分钟，这是人类历史上的第一次出舱活动（Extra-Vehicular Activity，通常缩写为 EVA）。尽管发生了对宇航员来说几乎致命的困难（这些困难通常会被掩盖起来），但这是太空探索发展过程中的一个重要的里程碑。

美国不可能不作出反应。

"你们在这儿不停地说啊说……苏联人已经飞上太空在那儿散步了。"这是密苏里州参议员对美国国家航空航天局的指责。1963 年 11 月 22 日肯尼迪在达拉斯遇刺后，林登·约翰逊就任总统，他不能无视此类对航天局的谴责，但也没有太多的措辞可以用来声称结果能与苏联的相媲美。

双子星计划加快了步伐。针对未来的登月之旅，它有三个主要目标：提供能够与另一个航天器对接的可操控飞行器；训练宇航员进行舱外活动；收集人体对长时间太空飞行的反应数据。

正是在这个阶段，尽管美国国家航空航天局里还有人不相信这些任务的可靠性，但美国人还是超越了苏联的计划。在某些情况下，美国甚至都还没有意识到这一点。

同时，从发射日期来看，情况却正好相反。1965 年 3 月 23 日，第一艘载人飞船"双子星 3 号"将维吉尔·格里森和约翰·杨送入了轨道，距离苏联的首次集体发射，已经过去了好几个月。同年 6 月 3 日，

上图 SK-1 航天服，最早实际穿着的款式之一，保存在莫斯科专门介绍太空探索历史的博物馆中。图片来源：Mikhail (Vokabre) Shcherbakov（CC BY-SA 2.0）。

爱德华·怀特成为第一个"太空行走"的美国人（出舱活动时间为 20 分钟，是与詹姆斯·麦克迪维特共同执行的"双子星 4 号"任务的一部分），落后的时间缩短到了三个月，但依然存在。

同年 8 月，"双子星 5 号"终于创造了一项重要的美国纪录，即太空停留时长纪录，戈尔登·库勃和查尔斯·康拉德成为在太空停留 190 小时 55 分，绕地飞行 120 圈的"地外星人"。这一纪录随后被弗兰克·博尔曼和詹姆斯·洛弗尔远远打破，他们在接下来的 12 月乘坐"双子星 7 号"在轨道上停留了 330 小时 35 分，这是第一次两艘飞船相距不到半米（另一艘是瓦尔特·施艾拉和托马斯·斯塔福德乘坐的"双子星 6A 号"），并让美国第一次感觉，他们把竞争对手抛在了后面。

双子星的超越

苏联领导人也意识到自己的太空霸权正处于危险之中，他们的回应是迫使联盟号项目在最后的期限内完成。然而，1966 年 1 月科罗廖夫的去世，并没有让该项目在短期内加冕，管理工作交给了总设计师最亲密的合作者之一德米特里·科兹洛夫。

与此同时，尽管主要因为与阿金纳火箭的轨道对接出现了状况，并且尼尔·阿姆斯特朗和大卫·斯科特的"双子星 8 号"发生了剧烈的旋转，但美国的计划实现了所有预期的目标，并于 1966 年 11 月全部结束。正如休斯敦地面控制中心的飞行指挥官罗伯特·吉尔鲁斯所说，下一步将是阿波罗，美国已经"为登月做好了准备"。

但直到 1967 年 1 月 27 日下午很晚的时候，人们才开始相信这一点。

太空时尚

加加林的 SK-1 航天服的救生功能很有限。它必须确保太空舱内良好的舒适度，并在弹射和降落伞降落时保护他的安全。列昂诺夫穿着的 Berkut（"金雕"），是第一件"户外"航天服。虽然这让他在"上升号"的舱外活着，但返舱时的困难差点让他送命。Sokol（"隼"）于 1973 年在联盟号任务中被穿着，至今仍在使用。它不适用于舱外活动，所以自 1977 年以来宇航员们一直穿着 Orlan（"海鹰"）。"水星七杰"身穿的 Navy Mark IV，是由美海军的 MK-4 型压力服加以改进的，这是当时有史以来最轻便的加压航天服。然后是双子星计划的 G3C 航天服，同时适用于舱内和舱外活动。另外给美国第一个进行舱外活动的宇航员爱德华·怀特，开发了当时最先进的航天服 G4C。

我们去朋友那儿吧

　　1975 年 7 月 15 日"联盟 19 号"飞船发射前，阿列克谢·列昂诺夫（左）和瓦莱里·库巴索夫。这是美国和苏联之间的第一次联合任务，是阿波罗－联盟号试验项目的一部分。

　　2 天后，"联盟 19 号"将与美国阿波罗计划的一个太空舱对接，舱内有指令长汤姆·斯塔福德、宇航员万斯·布朗和唐纳德·斯雷顿。

　　两个太空舱保持对接 44 小时。发射"联盟 19 号"的是苏联火箭，并首次在国际电视台进行现场直播。

● 图片来源：苏联科学院。

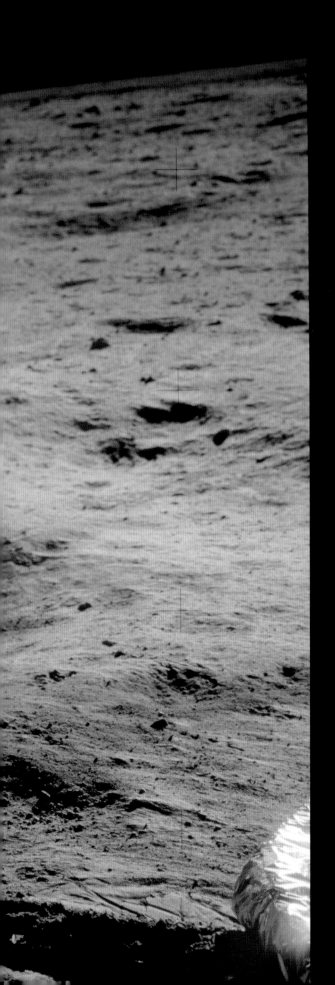

第三章

月亮是一位严厉的老师

1969 年 7 月 20 日，一个载入史册的日子。人类踏上了月球。他是一名美国男子，尼尔·阿姆斯特朗，阿波罗 11 号任务的指令长，但这是一场激动人心的征服，涉及整个世界。

上图 左起，宇航员维吉尔·伊万·"加斯"·格里森、爱德华·怀特和罗杰·查菲于1967年1月在卡纳维拉尔角34号发射台附近合影。几天后，他们死于阿波罗1号事故。图片来源：美国国家航空航天局。

上页图 静海基地，阿波罗11号任务最著名的照片之一。由尼尔·阿姆斯特朗拍摄，小埃德温·尤金·奥尔德林在月球上行走。在奥尔德林面罩的反光里可以看到阿姆斯特朗的人影。图片来源：美国国家航空航天局。

1967年1月27日，在佛罗里达州的时钟敲响下午6点31分前不久，出现了明显的问题。第一个尖叫的是罗杰·查菲："飞船着火了！"

在卡纳维拉尔角，在阿波罗太空舱周围68米高的发射塔上，正在进行一项常见的发射模拟。一些轨道操纵必须进行测试，但这个下午开始得很糟糕，连通信系统也出现了问题。"舱内着火了！"怀特喊道。他和查菲以及指令长格里森一起组成了指挥舱三人组。一个月后，3名宇航员将一起前往月球，以验证指挥和服务模块的遥测功能，从而启动前往月球的任务。"把我们弄出去！"查菲再次喊道。

然后飞船就被地狱般的大火吞没了。15秒钟的时间，太空舱内的加压氧气使座椅下方的一次短路变成了一场大火，宇航员在烧死之前已经窒息。

据估计，在密闭的舱门打开之前，机舱内部温度达到了760℃。但现在几乎没有什么可做的了，登月任务的先驱们已经成为美国太空计划的第一批殉道者。

与此同时，他们的几个同事，包括尼尔·阿姆斯特朗和詹姆斯·洛弗尔，正作为代表出现在白宫，以确保该计划的资金投入能保持源源不断。不用说，一切都是徒劳，阿波罗计划被叫停，等待美国国家航空航天局确定悲剧的原因。这项最初被称为AS-204的任务被重新命名为阿波罗1号，以纪念选择这个名字的遇难者们。

并不是说世界另一端的情况就更好。几个礼拜前的 12 月，在对新"联盟号"的一次测试中，一艘火箭在拜科努尔的发射台上爆炸，导致一名技术人员丧生。尽管（包括加加林和季托夫在内的）许多人都心存疑虑，但他们还是决定继续执行"联盟 1 号"和 2 号的"住人"发射。这意味着在过去近两年后苏联宇航员将重返轨道，也是科罗廖夫去世后的第一次。另外，他们想借着列宁诞辰纪念日和对美国来说这一悲剧性的时刻，来体现苏联的技术更为优越和可靠。

然而所有的一切都朝着另一个方向发展。4 月 23 日，弗拉基米尔·科马洛夫驾驶的通过"上升号"运载火箭发射的"联盟 1 号"飞船，一出发就出现了供电不足的问题，在绕轨飞行仅 18 圈后就被召回，

"土星 5 号"，史上最强大的火箭

- 设计：沃纳·冯·布劳恩和阿瑟·鲁道夫领导下的马歇尔太空飞行中心
- 主要合作商：波音、北美人航空公司、道格拉斯飞行器公司
- 高度：110.6 米
- 直径：10.1 米
- 起飞质量：2970 吨
- 运载能力：140 吨（近地轨道），48.6 吨（月球轨道）
- 级数：3
- 首次发射：1967 年 11 月 9 日（阿波罗 4 号）
- 末次（也是第 13 次）发射：1973 年 5 月 14 日（天空实验室 1 号）
- 项目成本（截至 1973 年）：64.17 亿美元
- 每次发射成本（截至 1971 年）：1.85 亿美元

下图"土星 5 号"火箭是在沃纳·冯·布劳恩和阿瑟·鲁道夫领导下开发出的工程杰作。图片来源：美国国家航空航天局。

但由于降落伞卡住而坠毁在地面上。科马洛夫在撞击中丧生。第二艘"联盟号"飞船无法发出营救信号，因为它在发射台上遭遇闪电电击损坏了。

突然间，征服太空的野心展示了所要付出的代价。两个竞争对手的意识形态和政治阵营似乎成了个笑话：太空竞赛以最突然的方式刹车。

世界两极的太空计划直到年底才恢复：首先是 10 月 27 日的苏联，三天内他们的"宇宙 188 号"和"宇宙 186 号"联盟飞船（"联盟 2 号"从未起飞）先后从拜科努尔出发。为了赶上竞争对手并利用他们的短暂停歇，这两艘无人飞船停靠在轨道上，并且"相拥"绕地飞行了 3 个小时。这是一项了不起的进步。然而，对苏联来说不幸的是，国际舞台被后来证明是登月竞赛的技术主角给霸占了。11 月 9 日，在事故后进行了 30000 次改装的阿波罗 4 号从卡纳维尔角升空，使用的是当时人类历史上制造的最强大的运载火箭——"土星 5 号"，由它的创造者沃纳·冯·布劳恩和阿瑟·鲁道夫命名。它高 110.6 米（比自由女神像还高 18 米），由三级总重量为 2970 吨的火箭组成，可以运送 140 吨的载荷至近地轨道，或 48.6 吨的载荷至月球轨道。沃纳·冯·布劳恩和他的团队在阿波罗计划获得批准之前就一直在进行这项工作，当第一级的五台洛克达因 F-1 火箭发动机将"土星 5 号"从发射台上分离时，1800 千米外的一个气象站感应到了压力波。这对美国来说是一大震动，当然这一次是因为激动。

它的下一次发射，即阿波罗 5 号的发射，也将一艘无人飞船送入了轨道。这是在 1968 年 1 月 22 日，首次进行了指挥舱和登月舱下降引擎的分离测试。点火持续时间短于预期，但遥测数据证实所选择的路线是正确的。剩下的就是最后一次无载人的发射，两个月后，也就是 1968 年 4 月 4 日，阿波罗 6 号从 39A 发射台上分离出来，这是至关重要的一步，因为它采用了完整的运载工具，并证明了该系统完全适合其目标——登月。

上图 1980 年 10 月在卡纳维拉尔角拍摄的被分解成若干部分的"土星 5 号"。图片来源：巴里·刘易斯 – 月球巡洋舰（CC BY 2.0 协议）。

上图 阿波罗 7 号的宇航员，登月计划的第一次载人任务。左起：瓦尔特·康尼翰、唐·福尔顿·埃斯利和指令长瓦尔特·施艾拉。图片来源：美国国家航空航天局。

　　与公路自行车赛一样，最后的冲刺也从那一刻开始了。阿波罗 7 号于 10 月 11 日由"土星 1B"——土星 Ⅴ 的前身——发射到地球轨道上，美国宇航员带着模拟交会操作和检查程序更新的任务重返大气层外。瓦尔特·施艾拉、唐·福尔顿·埃斯利和瓦尔特·康尼翰承担了这项任务。两年来没有美国人进入太空，而第一次就是 3 个人坐着同一艘飞船一起完成太空任务。在执行任务的 11 天里，施艾拉患上了重感冒，感染了他的同伴，并成为与地面控制中心数次顶嘴的主角，在返程期间他坚持不戴头盔和手套，并延迟了太空船的电视直播。

　　但这次飞行被认为是成功的。

　　10 月 30 日，苏联发布了一张拜科努尔发射台上新型 R7 运载火箭的照片作为回应。

　　虽然三天前发射的由乔治·贝雷戈沃伊驾驶的"联盟 3 号"在轨道上对接失败一事被保密，但该项目已经实现了极高的可靠性，在接下来的几十年中，它实现了数百次的发射，极少失败。

　　剩下的就是在比赛的最后一回合击败对手，实现决定性的胜利了。

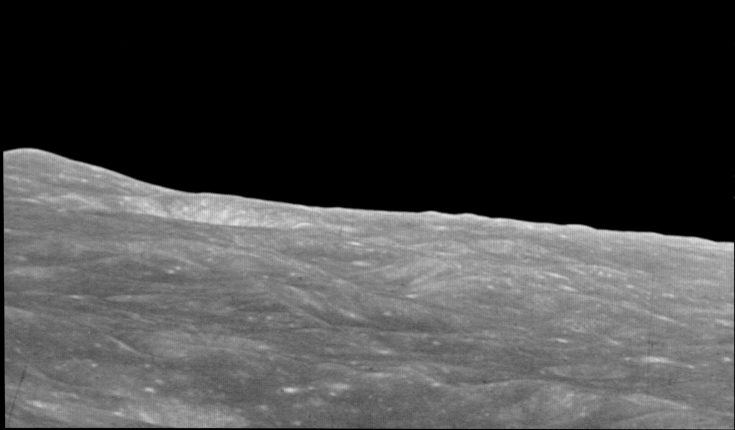

看呐！多美的地球……

"人类有史以来最伟大的奇观"：阿波罗 8 号宇航员从月球角度拍摄的第一次"地出"。这张照片由威廉·安德斯拍摄，他与弗兰克·博尔曼和詹姆斯·洛弗尔共同组成了第一个离开地球轨道，绕月飞行但没有降落到月球表面的宇航员机组。

● 图片来源：美国国家航空航天局。

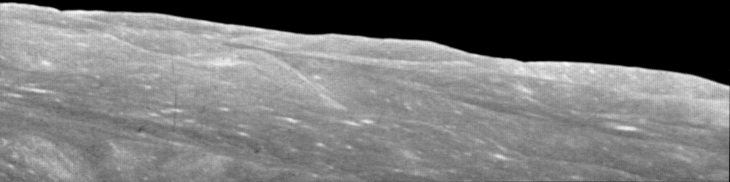

最后的冲刺

1968 年 12 月 21 日，一名阿波罗机组人员从卡纳维拉尔角的发射台上升空，这是"土星 5 号"实现第一次助推。

沃纳·冯·布劳恩的这项工程杰作所发出的巨大声波被发射台上受控的水浪压低了，这是一种新型的降噪系统。这个史上最强运载火箭的首次亮相并非偶然，事实上计划中的阿波罗 8 号任务将离开地球轨道进入深空，并最终证明登月的可能性。

奉命执行任务的 3 名宇航员是飞行员弗兰克·博尔曼、詹姆斯·洛弗尔和威廉·安德斯。感染了甲型 H_2N_2 流感的博尔曼在起飞后随即开始出现症状，但这并没有影响他们。事先在飞船上储备了所有药物后，博尔曼、洛弗尔和安德斯的眼睛——从距离约 200 千米的位置（预设阿波罗 8 号在不下降的情况下绕行十几圈的地方）——最先看到了月球表面。历史上第一次从月球上拍摄到地球的黎明，这是"人类所见过的最伟大的奇观"。

这是一场胜利，被美国誉为目标已触手可及，尽管怀揣雄心壮志的不仅仅是他们。事实上，在发射阿波罗 8 号的 3 个月前，苏联新的"质子号"运载火箭已经将一个无载人但可载人的自动探测器 5 号发射到了月球周围。从那时起，西方媒体就开始报道，探测器计划是苏联对阿波罗计划的回应，尤其是在此前的 3 月，20 名宇航员开始进行"登月训练"之后。

不仅如此，1969 年 1 月 16 日，有史以来第一次，两艘苏联载人飞船对接，使转运人员成为可能。"联盟"4 号和 5 号在地球轨道上测试着陆器与指挥 / 服务舱之间的对接操纵，创造了另一项纪录，这项纪录直到 3 月才被阿波罗 9 号追平。

下图 绕月飞行的探测器 5 号的回收情况。图片来源：科罗廖夫能源火箭航天集团。

虽然西方没有人知道，苏联这项纪录会是这位太空竞赛参赛者的绝唱。第一艘"联盟号"上科马洛夫的事故留下了不可磨灭的印记，而科罗廖夫的新继任者瓦西里·帕夫洛维奇·米辛作为该项目的掌门人则强制规定，在将宇航员送上月球之前，这些飞行器都必须经过仔细测试。对他来说，"质子号"和月球探测器都是不成熟的，虽然列昂诺夫领导下的那些宇航员愿意冒着生命危险打败美国，但他们的不满并没有起到什么作用。谨慎让苏联在终点线前失去了主导地位，虽然究其根源，是结构上的问题。

带着意大利血统的卡纳维拉尔角之虎

美国国家航空航天局现在很擅长对外公关，他们认真地培养着"阿波罗狂热分子"。正是在这种背景下，该项目的一个关键人物——迄今为止都藏在幕后的人物——出名了，他是罗科·佩特龙，20世纪20年代从亚平宁山脉卢卡尼亚地区的萨索迪卡斯塔尔达抵达美国的移民之子。

作为一名杰出的机械工程师、军官和前大学足球运动员，他被分配到了亚拉巴马州红石兵工厂设计发射台，并于1952年在那里遇到了沃纳·冯·布劳恩。

当这名德国人受苏联委托对他们的太空计划作出回应时，他希望佩特龙能在他身边，并委托佩特龙建造未来"月球港"的发射台，佩特龙负责卡纳维拉尔角39号发射台、飞行器装配大楼和"爬行者"运输车。"爬行者"运输车是一种巨型履带式车辆，用于将"土星5号"运送到发射台上。佩特龙于1975年从阿波罗计划指挥官的位置上退休。他于2006年8月24日去世，被人们称为"人工计算机"，尽管对他的合作伙伴来说，他始终是"卡纳维拉尔角之虎"。

苏联退出比赛……事实上，他们从未参加

当1963年苏联宣布他们对登月竞赛不感兴趣时，事实上，他们并没有撒谎。只是为了国际声望而沉迷其中，并且他们从未像美国国家航空航天局那样得到中央集权和政府补贴的支持（据估计，美国在太空方面的投入是苏联的5倍之多），真正的苏联太空计划实际上是虚无的。在早期10年间许多个第一次的推动下，它由几个不相关的项目构成，只是在科罗廖夫和其他几个具有超凡魅力的项目组织者的巧妙领导下，这些项目才被有机结合在了一起。

上图 阿波罗 11 号的"鹰"号登月舱（缩写为 LEM）。图片来源：美国国家档案馆。

右图 1969 年 7 月 16 日，执行阿波罗 11 号任务的"土星 5 号"火箭离开肯尼迪航天中心。图片来源：美国国家航空航天局。

从军事角度来看，登月越来越没有用处。总设计师去世后，登月的愿望开始逐渐承受内部政治竞争的压力。此外，米辛没有勇气否认导师（科罗廖夫）犯下的唯一严重错误——他的最后遗产，登月运载火箭 N1（Nositel'1，意为"运载器"）——被证明是一个过于复杂的项目，无法迅速实施。

因此，1968 年 12 月，当博尔曼、洛弗尔和安德斯绕月飞行时，苏联政府觉得将人类送上月球探测器是一个不可接受的风险。而后的 1969 年 1 月初，部长会议制定了太空计划的新规则，除非阿波罗 9 号或 10 号发生灾难性事故，否则登月竞赛将被视为失败。

关于谁将赢得这场比赛的最后一个疑问在 5 月消失了，当时，尽管尤金·塞尔南在电视直播现场咒骂登月舱在测试中的难以操纵，但他、约翰·杨和托马斯·斯塔福德实现了在 15 千米的高度绕月飞行。阿波罗 10 号的任务取得了成功，接下来的这次任务，就是要改写历史了。

"这里是静海基地，老鹰已着陆"

对尼尔·阿姆斯特朗、迈克尔·柯林斯和小埃德温·尤金·奥尔德林（又名"巴兹"）来说，他们的旅程开始于发射前三个半小时的船员宿舍。对于在卡纳维拉尔角周围露营了数日的数千人来说，旅程开始的时间是 1969 年 7 月 16 日早晨 6 点，技术人员正将头盔固定在宇航员的航天服上。6 点 27 分，他们三人坐上了前往发射

台的厢式货车，在 12 千米外的地方，他们的同事弗雷德·海斯正在完成指挥舱开关上要求的 417 项检查。

在柯林斯的建议下，他们将指挥舱命名为"哥伦比亚号"，也是为了向儒勒·凡尔纳想象里"从地球射向月球"的大炮——"哥伦比亚炮"致敬。

阿姆斯特朗第一个进入指挥舱，并坐在了左边的座位上。在他下方 97 米处，"土星 5 号"的引擎准备释放 350 万千克的推力，这将使美国能够完成迄今为止只有凡尔纳这样的作家才能想象出来的距离。阿波罗 11 号已经准备就绪。正如预期的那样，它在上午 9 点 32 分准时做到了。

到达月球轨道花了两天半的时间，在这两天里，宇航员们被告知苏联最后一次绝望地尝试着超过他们：7 月 13 日，"月球 15 号"探测器任务已经开始，其目标不仅仅是接触月球表面。苏联人计划在美国任务返程之前带回一块岩石样本。

弗兰克·博尔曼担心"月球 15 号"可能会干扰阿波罗计划，在获得理查德·尼克松总统的批准后，他成为第一位访问苏联的美国宇航员。他向苏联科学院院长姆斯季斯拉夫·克尔德什发去了一封信。历史上的老对手保证他们不会对美国的任务造成危险，并告知了自己探测器的所有轨道参数。而直到 11 月人们才知道，7 月 3 日，也就是在阿波罗 11 号发射升空的前 10 天，苏联测试了一架无载人的 N1 运载火箭，但它在起飞几秒钟后就爆炸了。如果情况本来不是这样的话，也不排除苏联可能在最后关头发射宇航员，比阿姆斯特朗和他的船员们早一步占得先机。

反正，在 7 月 19 日晚上，"哥伦比亚号"启动了引擎，并进入了月球轨道。在完成预定的 30 次轨道飞行后，休斯敦地面任务控制中心允许登月舱"老鹰"——美国的象征——与指挥／服务舱分离，并且开始下降。

由于交会雷达的错误激活，在 10 千米的高度，阿波罗制导计算机程序报告了"错误代码 1202"。事实证明，该警报是可以忽略不计的，考虑到系统中 4 KB 的内存占用，这是可以理解的。而那些无法忽略不计的，是在计算机引导"老鹰"着陆的地方，肉眼可见的卡车大小的巨石。

在距离月球表面 152 米的地方，阿姆斯特朗接管了控制装置，并决定切换到手动控制，以寻找一个安全的着陆区。然而，这存在一个很大的风险，即太过倾斜的地形会导致两名宇航员无法返回，而过长时间的搜索，又会导致燃料耗尽。然而在意大利时间晚上 10 点 17 分 39 秒时，阿姆斯特朗说话了："休斯敦，这里是静海基地，'老鹰'已着陆。"如果再过 14 秒，燃料耗尽，那一切就结束了。

下图 一张照片包含了我们星球上所有的人，除了唯一一个——拍摄这张照片的人——那就是阿波罗11号指挥舱的飞行员迈克尔·柯林斯。在登月舱"老鹰"内，尼尔·阿姆斯特朗和小埃德温·尤金·奥尔德林正从月球表面升起。图片来源：美国国家航空航天局。

以全球 96% 的收视率计算，即使在意大利，当晚也有数以百万计的人在观看电视直播。意大利国家电视台 3 台（RAI 3）的摄影棚里，只是评论员蒂托·斯塔尼奥和休斯敦特派记者鲁杰罗·奥兰多之间一次小小的口角，就导致观众们错过了阿姆斯特朗的直播通信。真是不错，那天晚上，历史被一分钟一分钟地记录下来。而事实上，阿姆斯特朗比预期提前了三个半小时，打开了"老鹰"的舱门，并开始下降。7 月 21 日，意大利时间凌晨 4 点 56 分 15 秒，阿波罗 11 号的指令长右手搭在梯子上，左脚踩在月球上，向全世界人民发表讲话："这是我个人的一小步，人类的一大步。"19 分钟后，第二位踏上外星表面的宇航员奥尔德林加入了他的行列。

美国兑现了肯尼迪在不到 10 年前做出的承诺。正如齐奥尔科夫斯基所说，人类已经走出了摇篮。

一次非常成功的失败

在纽约，1970 年 4 月 13 日晚上 11 点 30 分，迪克·卡维特秀在美国广播公司（American Broadcasting Company，缩写为 ABC）准时开始。开

上图 莫斯科宇航博物馆的无人驾驶月面自动车月球车1号1：1比例模型。月球车1号长2.3米。图片来源：Armael（CC0协议）。

场白后，卡维特提醒观众说，当时指令长洛弗尔、宇航员弗雷德·海斯和杰克·斯威格特正在距离地球321000千米的地方，执行阿波罗13号月球任务。

主持人开始讲一些笑话，他心里很清楚，尽管从技术和科学的角度来看，这是迄今为止最重要的任务，但美国人并不关心。作为第三次任务，对他们来说，征服月球的故事已经老掉牙了。到了某个时刻，主持人还开玩笑地说，为什么4月11日13点13分从卡纳维拉尔角开启的登月任务收视率比上一次还少了300万人？"因为人们以为这是一场夏季盛况重播"，此话引发了演播室里观众的一阵笑声。

正开着这个玩笑——连ABC也没有故意这样做——屏幕上出现了黑色方块红色字眼："阿波罗13号，特别新闻"。电视直播上，主持人朱尔斯·伯格曼的

月亮之声

"这是我和朋友鲁杰罗之间一个小小的误会，鲁杰罗当然是我见过最好的评论员。实际上，我们都是对的：我说的是它'触碰'而不是'着陆'，因为我指的是登月舱天线测试月球土壤以验证其坡度的那一刻。"蒂托·斯塔尼奥回忆起1969年7月20日22点16分之后不久的那场争辩时如是说，那场争辩导致数百万意大利人错过了"老鹰"登月的确切时刻。这是一种轻松的优柔寡断，也是因为，和阿姆斯特朗、奥尔德林和柯林斯一样出生于1930年——如今已90岁高龄的他，是一个作风老派的记者，措辞永远也不会背叛他卡利亚里的血统，斯塔尼奥现在是而且将永远是"月亮之声"。

面孔取代了卡维特的笑声，"'阿波罗 13 号'宇宙飞船的电气系统出现严重故障。宇航员没有直接危险，但排除了任何登月的可能性。地面控制中心确认问题很严重"。

很难理解一个距离地球 321000 千米的严重问题怎么会没有威胁到宇航员。事实上，由于一个氧气罐因短路而发生的爆炸，宇航员们正处于危险之中，而且情况十分严重。全世界都意识到了这一点。第二天早上，阿波罗 13 号的消息登满了全球各大报纸。美国国家航空航天局的每个技术人员都在加班。尼克松要求他们一刻不停地上报消息，（虚构出来的一句）"不考虑失败"成了座右铭，用来解释该国最顶级的人才精英们如何在 4 天内齐心协力，将洛弗尔和他的船员们平安地带回家中。全世界都感受到了恐惧，包括教皇保罗六世——他在 4 月 15 日为宇航员们念诵祈祷文——以及从苏联到中国的所有关注此事的人，都愿意立即伸出援手。直到 4 月 17 日 13 点 07 分，洛弗尔降落在太平洋并向他的两个同伴发表讲话后，才在电台中直播说："我们回来了。"

阿波罗 13 号成为美国国家航空航天局"最成功的失败"，使得后续飞行更加安全。此外，它还重新激起了民众对太空任务的集体兴趣。不过，这一点人们在几十年后才意识到，那时那刻，这场险恶的灾难还带来了其他一些后果。

最后是朋友

尽管从科学和技术的角度来看，从阿波罗 14 号到阿波罗 17 号的任务比第一次将人类送上月球，或者比尝试登月而差点让几个宇航员送命的那次任务更重要，但很明显月球冒险即将结束。由于陷入了越南战争并且老对手苏联开始"投

月球病毒、老鼠和恐龙

"求你了，老鼠，当我把石头给你带来的时候，不要生病，不要变成恐龙。"阿姆斯特朗这样对诺亚方舟里的一只老鼠说。方舟里收集了几只豚鼠，用来研究月球硒细菌是否会对地球生命有害。将老鼠、牡蛎、蟑螂和蘑菇浸泡在与阿波罗 11 号带回的岩石接触的水溶液中，分析它们的反应。一旦登月之旅成为现实，返航感染——也就是将危险的病原体带到地球——的可能性，就成了一个严重的问题。为了防止灾难发生，建造了月球样品实验室，阿姆斯特朗、奥尔德林和柯林斯返回后在这里隔离了 21 天。没有老鼠变成恐龙。

"休斯敦，我们已经出问题了"，吉姆·洛弗尔说

埃米利奥·科齐在阿波罗 13 号发射 50 周年之际《宇宙》杂志进行的采访中，生于 1928 年的指令长詹姆斯·洛弗尔回忆起任务的每一秒，就仿佛在昨天一样。

指令长，今天的阿波罗 13 号代表了什么？

一项非常出色的工作，突出了美国国家航空航天局在处理一场注定要发生的灾难事件方面的专业精神和能力。

宇航局的档案中称之为"一次成功的失败"。

请允许我和阿波罗 11 号做一个比较，因为它们都是我们历史上的重要时刻。阿姆斯特朗的任务巧妙地命中了目标。

而阿波罗 13 号则是一个案例，说明了该项目如何利用不同的资源、想法和策略，解决了飞船上因爆炸引起的一次无法预测的危机。这是两种不同类型的成功。

关于事故和那句最有名的话：当时到底发生了什么？

2 号氧气罐发生爆炸的时候，我正要从登月舱"宝瓶座"前往指挥舱"奥德赛"。就在那一刻，"奥德赛"里的斯威格特清楚地听到了"砰"的一声，一种猛烈的金属声，仿佛有什么东西击中了我们。斯威格特看到一盏灯亮了，表明其中一个燃料电池完全失效，他立即联系了休斯敦地面控制中心，并且准确地说："好，休斯敦，我们这里已经出问题了。"

8 秒钟后，任务控制中心要求我们重复一遍。

那个时候，我回复了，我说："休斯敦，我们已经出问题了。"

但那一刻，我们不知道发生了什么。

所以那句话是在后来说的。就连当时的飞控主任吉恩·克兰兹也从未说过"不考虑失败"，对吗？

没错，"失败不是一种选择"（Failure is not an option）是威廉·布罗伊尔斯写的一句话，他是讲述我们任务那部电影的编剧之一，导演是朗·霍华德。

你有想过可能会回不来吗？

想过，当我们知道我们已经失去服务舱里所有氧气的时候，想过。不过我们从来没有气馁。当我们意识到指挥舱的电气系统受损有多么严重时，我们明白了，要返回地球，我们必须利用登月舱和它的推进器，尽管之前从来没有人这样做过。

不过幸运的是，爆炸发生的时候，返回还存在可能性。如果事故发生在我们进入月球轨道时，或者更糟，在已经登月之后，那我们现在就不会坐在这里聊天了。

如果阿波罗 13 号当时一切顺利呢，又会怎样？

没能登上月球，我一直很失望很难过。但是，经过这 50 年来的风雨历程，我意识到，如果当时一切顺利，我们的任务终将被太空的历史所遗忘，与类似的故事一起，被历史的尘埃所掩埋。

相反，阿波罗 13 号向我们展示了人们在发生危机时，能够做些什么。这就是为什么今天我认为，那次爆炸是阿波罗计划在那个特定时刻可能发生的最好的事情，是它让一群才华横溢的人，把一场近乎注定的灾难变成了一次着陆的凯旋。

降"——自 1970 年开始他们实际上发射的是例如无人驾驶月面自动车这样的采样机器人——所以在阿波罗 13 号之后，美国取消了第 18 次和第 19 次任务（第 20 次任务成了财政缩减的受害者）。

也就是说，在剩下的阿波罗号上，美国国家航空航天局收集了大量数据，用以扩大其对月球起源和演化的了解。不仅如此，迄今为止，与阿波罗计划相关的产品专利或工艺专利超过了 20 万项，而在 1969—1972 年留在月球上的仪器所获得的数据已经允许相关人员进行了 1 万多次科学分析。尽管在这片月壤上登陆的 12 人中，只有哈里森·施密特（阿波罗 17 号的宇航员）是一位地质学家。

执行阿波罗计划最后一次登月任务的阿波罗 17 号，第一次被安排在夜间出发，似乎是为了用一场烟火奇迹庆祝一个时代的结束。1972 年 12 月 7 日，尤金·塞尔南、罗纳德·埃万斯和施密特从如今已战绩辉煌的 39A 发射台上分离，奔向月球。迄今为止，最后一个登月的人是塞尔南，自 12 月 14 日以来，他作为月球上最后一人而被载入史册。那一次，他们留下了一块纪念牌："公元 1972 年 12 月，人类在这里完成了对月球的探索。我们带着全人类的和平来到这里，愿和平的精神，反映在所有人的生活中。"

然而这并不是登月计划巨大象征性价值的最后一笔遗产。1971 年 6 月 30 日，"联盟 11 号"在 170 千米高度减压，导致格奥尔基·多勃罗沃利斯基、弗拉季斯拉夫·沃尔科夫和维克托·帕查耶夫三名宇航员丧生，事故震惊了整个苏联。阿波罗 17 号返回地球三年后，当苏联还未从当年的震动中缓过神来时，"阿波罗"将自己的名字与缓和美苏之间外交关系的使命联系在了一起。1975 年 7 月 15 日，一艘"联盟号"宇宙飞船（"联盟 19 号"）发射升空，45 小时后，一艘"阿波罗号"进入轨道与其对接。美国人托马斯·斯

上图 佛罗里达州肯尼迪航天中心博物馆展出的阿波罗 14 号指挥舱。图片来源: Daderot (CC0 协议)。

左图 1975 年 7 月 16 日, 宇航员阿列克谢·列昂诺夫与宇航员唐纳德·斯雷顿一起执行阿波罗–联盟号试验飞行任务, 这标志着美苏之间太空合作的开始。图片来源: 美国国家航空航天局。

塔福德、万斯·布朗和唐纳德·斯雷顿("水星七杰"之一)与苏联人阿列克谢·列昂诺夫和瓦莱里·库巴索夫交换了礼物, 并一同开展了科学实验。

这场竞赛真的就这么结束了。冷战期间的阿波罗–联盟号试验飞行项目, 开启了太空飞行方面的国际合作。但这并不意味着太空探索之争忽然之间就变成了一曲和谐的田园牧歌, 它的战略价值以及军用民用双重用途的开发应用的可能性, 使其在第二天会变得与众不同。而彼时, 竞争者甚至成倍地增加了。

在月球上行走: 12 人踏上了月球表面

（截至 1973 年）阿波罗计划总耗资 254 亿美元, 约 40 万名工作人员参与其中。除了阿波罗 1 号的悲剧外, 在 7 次登月发射中, 只有 1 次（阿波罗 13 号）没有成功。其余 6 次任务把 12 人带上了月球表面进行月球漫步, 收集了总计 381.7 千克的岩石和尘土。下表为任务摘要（粗体字是为了凸显登月宇航员的姓名）:

任务名称	发射日期	登陆日期和地点	返回着陆日期	持续时长	宇航员姓名
阿波罗 11 号	1969 年 7 月 16 日	7 月 20 日（静海）	7 月 24 日	195.31 小时	**尼尔·奥尔登·阿姆斯特朗和小埃德温·尤金·奥尔德林**（在月球表面停留 21.6 小时）迈克尔·柯林斯
阿波罗 12 号	1969 年 11 月 14 日	11 月 19 日（风暴洋）	11 月 24 日	244.61 小时	**查尔斯·"皮特"·康拉德和艾伦·拉文·宾**（在月球表面停留 31.5 小时）理查德·弗兰西斯·戈尔登
阿波罗 14 号	1971 年 1 月 31 日	2 月 5 日（弗拉·毛罗高地）	2 月 9 日	216.03 小时	**小艾伦·巴特利特·谢泼德和艾德加·D. 米切尔**（在月球表面停留 33.51 小时）斯图尔特·艾伦·罗萨
阿波罗 15 号	1971 年 7 月 26 日	7 月 30 日（哈德利溪和亚平宁山脉）	8 月 7 日	295.2 小时	**大卫·兰多夫·斯科特和詹姆斯·本森·艾尔文**（在月球表面停留 66.91 小时）阿尔弗莱德·梅瑞尔·沃尔登
阿波罗 16 号	1972 年 4 月 16 日	4 月 21 日（笛卡尔高地）	4 月 27 日	265.85 小时	**约翰·沃茨·杨和小查尔斯·莫斯·杜克**（在月球表面停留 71.04 小时）托马斯·肯内斯·马丁利二世
阿波罗 17 号	1972 年 12 月 7 日	12 月 11 日（陶拉斯–利特罗谷）	12 月 19 日	301.87 小时	**尤金·安德鲁·塞尔南和哈里森·H. 施密特**（在月球表面停留 74.99 小时）罗纳德·埃尔文·埃万斯

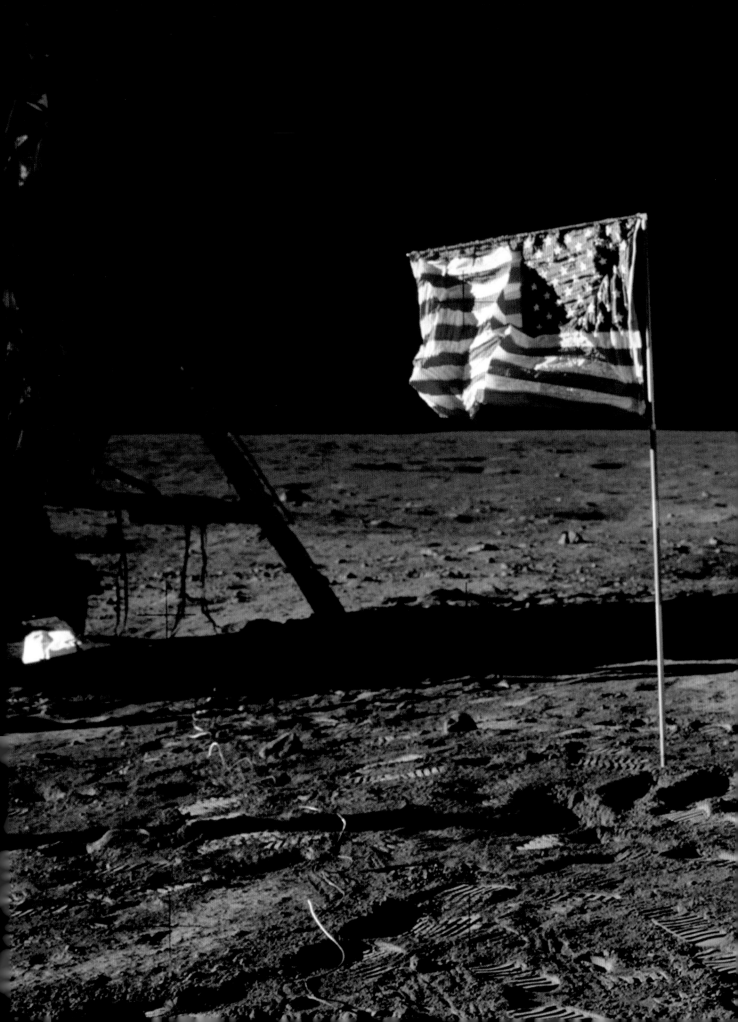

合影

　　阿波罗 11 号任务期间，小埃德温·尤金·奥尔德林站在月球上美国国旗旁边。在照片的左侧，我们可以看到登月舱的一部分，而在特写镜头中，我们可以看到有宇航员留下的许多脚印。

● 图片来源：美国国家档案馆。

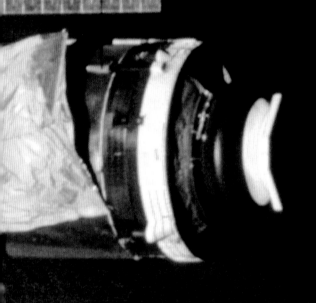

第四章

疯狂的科学家们
和太空战争

在"征服"月球之后，太空任务仍在继续。最大的
挑战是国际空间站，这要归功于美国、俄罗斯和其
他国家的合作。

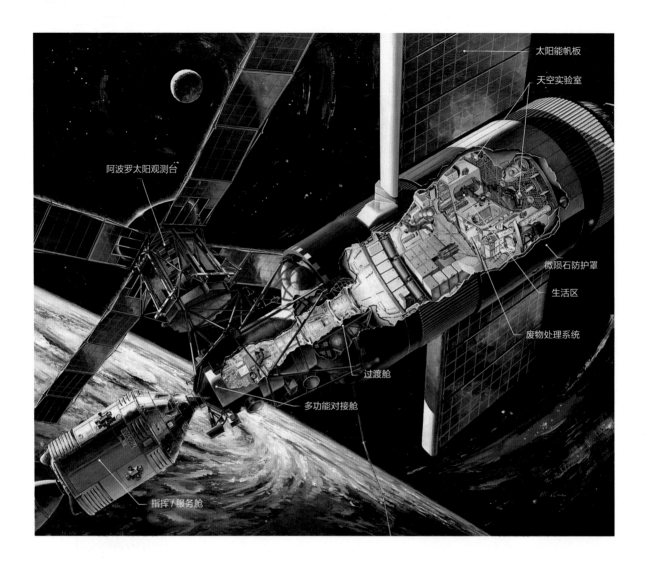

太阳能帆板

天空实验室

微陨石防护罩

生活区

废物处理系统

阿波罗太阳观测台

过渡舱

多功能对接舱

指挥／服务舱

上图　美国国家航空航天局天空实验室的示意图。图片来源：美国国家航空航天局。

上页图　美国天空实验室，轨道科学研究的先驱。图片来源：美国国家航空航天局。

虽然登上了月球，美国国家航空航天局在改变世界的道路上却从未止步。不过阿波罗任务完成后，探索太空的目的有所改变。地外太空从一个有待征服的边界，开始被视为一个潜在的殖民地。从起初的全球舞台，到现在具有独特应用价值的实验室，这一全新的模式实际上已经计划了有一段时间。早在 1965 年夏天，美国国家航空航天局就已经培养出了自己的第四代宇航员。被称为科学家（The Scientists）的新生代宇航员们，是基于职业和学历挑选出的佼佼者。虽然他们中只有一人——之前提到过的地质学家哈里森·施密特——曾登上月球，但另外还有三个人在天空实验室执行任务，这是迄今为止美国唯一的空间站。

然而，虽然太空事业展现在公众面前的全新面孔是科学研究，但这张面孔背后使用的仍然是间谍卫星和洲际导弹的语言。太空军事化的想法触发了一些任务，回想起来，这些任务可能看起来很疯狂，但在当时的大环境下，它们被提出、资助和执行。苏联利用"礼炮号"系列空间站计划的多次发射，隐秘地将代号为"金刚石"的军事前哨送入了轨道。

居住在这两个"金刚石"军用空间站的宇航员，分别于 1975 年阿波罗－联盟号和平对接任务的前一年和后一年发射升空，他们所进行的战争试验，直到今天仍然笼罩在一团迷雾中。少数被阐明的试验之一是"轨道飞碟射击"，用一门特殊的太空射击机关炮摧毁目标卫星。

在美国，也不乏基于大气层外成就而出现的军事想法和项目。其中之一是"益太古司"，1966 年设计的高速跨洲载人火箭，可搭载 1200 名士兵。它高 64 米，重 6400 吨，并由氢助燃箱提供推力。然而，与"金刚石"项目不同，"益太古司"从未实现。不完全是因为它的危险性，更因为它在发射之后就再也没有办法成功回收。

1972 年，美国国家航空航天局提出了一个用于解决这个问题的计划——太空卡车。这架飞行器可以像火箭一样冲破大气层，然后像飞机一样滑翔回地球，以便重复利用，降低成本。在月球狂欢之后大大减少的太空探索预算，不再允许土星火箭在每次任务中都化为乌有。

在取消了另外两个天空实验室的发射计划并转移了用于制造太空飞机的资金后，美国国家航空航天局发现自己拥有了可能是人类有史以来建造过的最复杂的飞行器——航天飞机，它能做到其他任何飞行器都无法实现的操作，但也并非没有弱点。然而，它的一些特点也被复制了。苏联人实际上开发了他们

天空实验室"兵变"

虽然天空实验室在发射过程中丢失了一些零部件，但在 1973—1974 年，有三名宇航员在里面工作，每名工作人员都创造了地外停留的新纪录。它的最后一次任务持续了 84 天，任务繁重，时间紧迫，美国国家航空航天局规定了最后期限。圣诞节过去 3 天后，经历了 7 个小时舱外活动的宇航员杰拉德·卡尔、威廉·波格和爱德华·吉布森决定让自己休息一天，但这并非巧合。它结束了历史上第一次也是迄今为止唯一一次太空"兵变"，这 24 小时被载入史册，机组人员重新恢复通信后，地面控制中心的态度变得温和了，然后他们一直工作，直到 1974 年 2 月 8 日，他们放弃了第一个也是最后一个美国太空前哨，让它从轨道上缓慢下降。这些人后来都没有重返太空，但自那以后，美国国家航空航天局增加了对宇航员心理健康方面的投入。

右图　天空实验室 4 号的指令长杰拉德·卡尔展示他如何在失重环境下，简单地用一根手指将同事威廉·波格倒立起来。这两人与爱德华·吉布森一起成为第一个也是唯一一个太空"兵变"案例的主人公。图片来源：美国国家航空航天局。

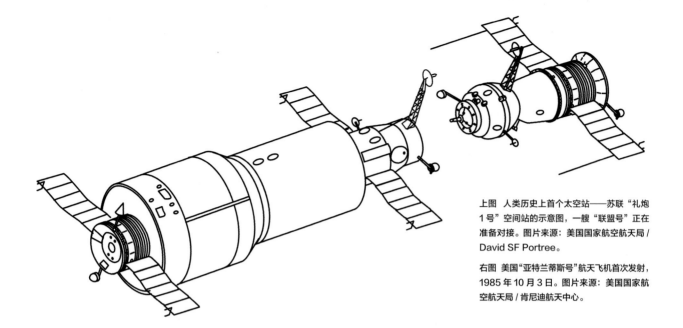

上图 人类历史上首个太空站——苏联"礼炮1号"空间站的示意图，一艘"联盟号"正在准备对接。图片来源：美国国家航空航天局 / David SF Portree。

右图 美国"亚特兰蒂斯号"航天飞机首次发射，1985年10月3日。图片来源：美国国家航空航天局 / 肯尼迪航天中心。

上图 1978年，捷克斯洛伐克人弗拉迪米尔·雷梅克是第一位进入太空的非苏联或美国的宇航员。图片来源：spacefacts.de。

自己的航天飞机"暴风雪"。它在许多方面比美国的飞行器更先进，"暴风雪号"甚至在没有机组人员的情况下完成了首飞。但那是在1988年11月15日，苏维埃联盟已经开始摇摇欲坠，"暴风雪号"被搁置，直到2002年机棚屋顶坍塌（"暴风雪号"也在那里随之倒下）。

从联盟到合作

正如"暴风雪号"所证明的那样，克里姆林宫的太空新目标是在轨道上实现持续存在。因此，"礼炮6号"应运而生，这是第二代空间站，有两个对接口，允许机组人员同时接收补给并接纳客人。

1978年，来自捷克斯洛伐克的弗拉迪米尔·雷梅克，成为一长串"美国和苏联之外其他国家"公民名单中第一个到达太空的人，接待他的正是"礼炮6号"。

随后的"礼炮7号"甚至还接待了来自法国和印度的游客，尽管莫斯科的目标现在已经很明显，即凭借其独特且日益精进的科技力量，与苏联宇航员一起守卫——并持续守卫——近地轨道。

1986年，尽管苏联正走向衰落，太空预算也在逐步削减，但积累的经验促使"和平号"的第一部分得以建造并进入轨道，这是第三代轨道空间站，即模块

化空间站。"Mir"，俄语意为"黎明"，是在 10 年间通过在轨道上积累模块建造而成的。但早在空间站获得最终配置的所有 6 个模块之前，就迎来了几名机组人员。1994—1995 年还在建造中的"和平号"创造了至今无人能及的太空停留纪录，当时的医生兼宇航员瓦列里·波利亚科夫在轨道上停留了 437 天 18 小时。

1996 年"和平号"建成后，该空间站仅存在了 4 年，就于 2001 年返回大气层时失控坠毁。对于新成立的俄罗斯宇航局来说，这是一个痛苦的选择，但考虑到空间站上越来越多的麻烦，这是不可避免的。

与此同时，美国人将一切都押在了航天飞机计划上（正式名称为"太空运输系统计划"，Space Transportation System program，缩写为 STS）。除了拥有能将 7 人送入轨道的空前能力外，这些航天飞机还拥有一个能够容纳两辆铰接式公共汽车的装载舱。飞机上配备了可重复使用的太空实验室，宇航员们在微重力环境下执行了 25 次实验任务。然而，任务周期不超过 15 天，远远低于"和平号"提供的可停留时间。同样，由于产生了窃取俄罗斯技术诀窍的想法，美国国家航空航天局向其提供了自己航天飞机的载荷空间，作为回报，俄罗斯宇航局为 7 名美国宇航员提供了食宿。至此，航天飞机－和平号联合飞行计划诞生了。任务结束时，"和平号"上的美国宇航员人数增加到了 44 人，甚至比俄罗斯还多出两人。这是一个好兆头，表明新的合作十分稳固。

航天飞机时代的日落

巨大的载荷能力使航天飞机也可用于发射军事卫星和科学卫星。尤其是，正如最初计划的那样，美国国家航空航天局还签署了一系列卫星运输和货物运输合同。然而，逐步降低进入太空成本的梦想很快就变成了一种幻想，甚至是一个误判，对那些悲剧的误判。

1986 年 1 月 28 日，"挑战者号"航天飞机最后一次脱离轨道。与 6 名专业宇航员一起发射的还有科里斯塔·麦考利芙，被一名评论员称为第一个"穿越大气层的普通人"，她是一场教学竞赛的获胜者，该竞赛的目的是让获胜的教师在轨

机组人员合影

　　1986 年 1 月 28 日，"挑战者号"航天飞机在飞行中爆炸，代号"STS-51L"的"挑战者号"第 10 次太空任务机组人员全部遇难。左起：科里斯塔·麦考利芙、格里高利·杰维斯、朱蒂丝·雷斯尼克、机长弗朗西斯·斯科比、罗纳德·麦克奈尔、迈克尔·史密斯和埃里森·奥尼佐卡（鬼冢承二）。

● 图片来源：美国国家航空航天局。

上图 "亚特兰蒂斯号" 航天飞与俄罗斯 "和平号" 空间站对接。图片来源：美国国家航空航天局。

右图 在 "挑战者号" 航天飞机货舱内的 2 号空间实验室里进行的一些实验。包括天体物理学、等离子体物理学和太阳物理学以及生命科学方面的实验。图片来源：美国国家航空航天局。

拓展阅读
"和平号" 空间站的问题

　　"和平号" 空间站陈旧的通信系统只允许在轨道上与莫斯科连接 10 分钟。在剩下的 80 分钟里，宇航员不得不自己想办法。因此，1997 年 2—6 月发生那些事故的时候，宇航员的反应就变得至关重要。当时出现的意外包括：1. 高氯酸锂制氧机起火，几分钟后，"量子 1 号" 舱内的火焰被扑灭，产生的有毒烟雾迫使机组人员戴着防毒面具超过一天；2. 主供氧系统出现故障，被迫启动辅助供氧；3. "进步 M-34 号" 货运飞船撞上了 "光谱号" 模块舱，导致该舱空气泄漏。幸运的是，宇航员们在不到 23 分钟的时间内将该模块与空间站的其他部分分离开来，否则他们将因为缺氧而昏厥直至死亡。撞击使空间站一度处于混乱的旋转状态，还损坏了几块太阳能帆板，使生命维持系统的电池数量变得非常有限。最后不得不使用了停泊着的 "联盟号"飞船的火箭，才将空间站稳定了下来。同时他们还调整了剩余太阳能帆板的方向，最后才得以安全返回家园。

道讲授两节科普课，以此来唤起人们对太空计划的重新关注，因为当时的太空计划正经历人气危机。然而，这两节课麦考利芙再也没法上了。在发射73秒后，由于一个已知但未引起重视的设计缺陷，航天飞机右侧射出的固体火箭推进器向外部燃料罐喷射强大的火焰，而里面装载了用作燃料的液氧和液氢。剩下的就交给高速空气动力学了，飞机在电视直播中炸成了碎片。驾驶舱坠入大海，无人生还。

美国国家航空航天局停止发射近两年，航天飞机项目开支也大幅度削减。但这并没有阻止它将有史以来最重要的宇宙之眼——哈勃空间望远镜——送入轨道。

悲剧在2003年2月1日重演，当时美国电视上没有出现原定于当天返回的"哥伦比亚号"航天飞机，而是播放了总统乔治·W.布什的脸，与两年前的9月11日那天一样阴郁。"美国同胞们"，白宫主人加重了语气，"这一天给我们的国家带来了可怕的消息和巨大的悲伤。今天上午9点，休斯敦任务控制中心与我们的'哥伦比亚号'航天飞机失去了联系。不久之后，人们看到碎片从得克萨斯州上空坠落。'哥伦比亚号'失踪了，没有幸存者。"

"哥伦比亚号"已于1月16日到达其运行轨道。这一次，和"挑战者号"灾难及天空实验室事故一样，发射后的第二分钟被证明是致命的。外部燃料箱表面的一块绝缘泡沫脱落，击中了飞船左翼前缘，破坏

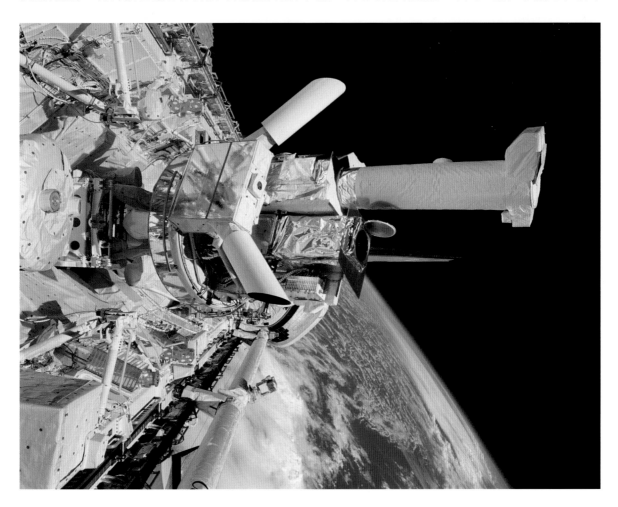

了它的热防护系统。由于在起飞时的镜头中注意到了事故，美国国家航空航天局任务管理团队并不认为这里存在风险。

但在2月1日早上，当它以每小时21000多千米的速度在得克萨斯州上空63千米处飞行时，它开始解体，最初的碎片正是从左翼开始脱落的。

这第二起事故直接导致了航天飞机项目的结束。该机队幸存的三架飞机，一直服役到了2011年，只为完成一个对实现齐奥尔科夫斯基的梦想至关重要的项目——国际空间站的建设。

最伟大的冒险

国际空间站（International Space Station，缩写为ISS）的想法起源于1984年1月，时任总统罗纳德·里根要求美国国家航空航天局建造"自由号"

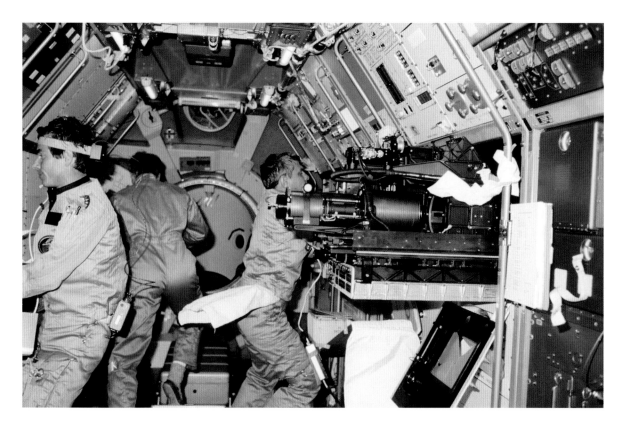

上图 宇航员乌尔夫·默博尔德、拜伦·利希滕伯格和罗伯特·帕克在位于哥伦比亚号航天飞机舱内的空间实验室里工作。图片来源:美国国家航空航天局。

空间站,一个与美国同盟国共享的太空前哨。他们设想的这个空间站,不仅能够确保人类留在轨道上,而且还能成为修复卫星的车间。然而,领导层的人员更迭和航天飞机项目的意外成本使得该项目的实施推迟了十多年。

同样,在苏联解体后的俄罗斯,建造"和平2号"空间站的计划也被叫停,尽管它的第一个模块已经建成。与此同时,世界其他地区也在太空领域取得了重要成果,微重力实验室的科学潜力和经济前景引起了许多国家的关注。正因如此,在获得加拿大、日本和聚集在欧洲航天局麾下的11个成员国的共同支持后,美国国家航空航天局开始致力于创造一个工程和外交的杰作。1998年1月,俄罗斯联邦航天局也参与到国际空间站项目中来,并在同年11月,发射了第一个模块"曙光号"功能货舱,它是从"和平2号"空间站项目里"取出来的"。

由于俄罗斯的加入,该站与最初的设计有很大的不同,分成两部分:一个是美国和世界其他国家的部分;另一个是俄罗斯的部分。这两部分由空间站中最古老的两个模块相连接,即"曙光号"功能舱和"团结号"节点舱,两个模块发射时间相隔一个月。

"联盟号"载人飞船停靠在俄罗斯一侧,随时准备迎接国际空间站的机组人员,并在遇到危险时返回地球。而在美国一侧,则安装了集成桁架结构,长

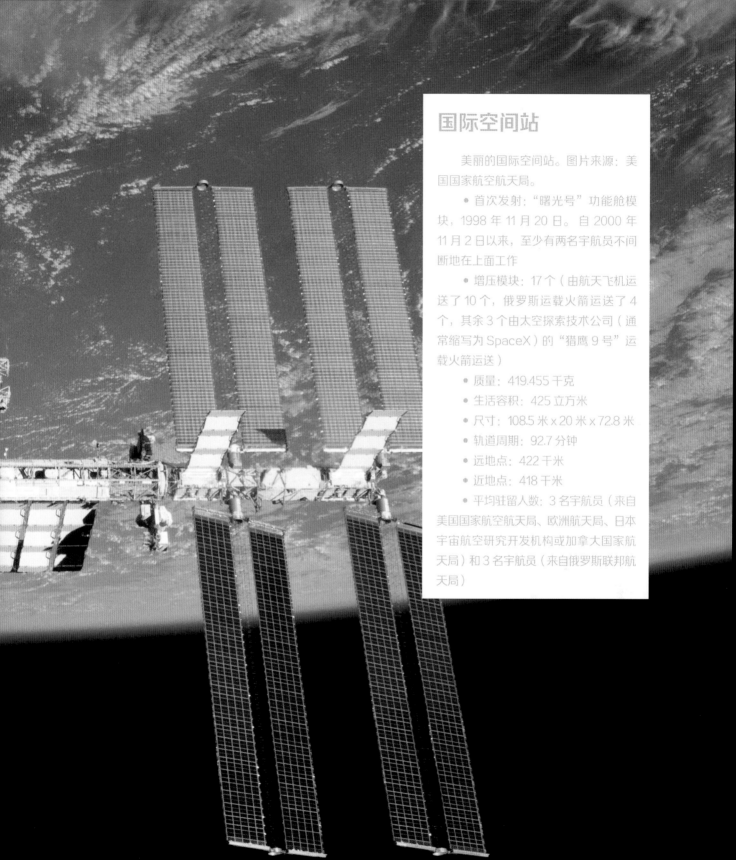

国际空间站

美丽的国际空间站。图片来源：美国国家航空航天局。

- 首次发射："曙光号"功能舱模块，1998 年 11 月 20 日。自 2000 年 11 月 2 日以来，至少有两名宇航员不间断地在上面工作

- 增压模块：17 个（由航天飞机运送了 10 个，俄罗斯运载火箭运送了 4 个，其余 3 个由太空探索技术公司（通常缩写为 SpaceX）的"猎鹰 9 号"运载火箭运送）

- 质量：419.455 千克
- 生活容积：425 立方米
- 尺寸：108.5 米 x 20 米 x 72.8 米
- 轨道周期：92.7 分钟
- 远地点：422 千米
- 近地点：418 千米
- 平均驻留人数：3 名宇航员（来自美国国家航空航天局、欧洲航天局、日本宇宙航空研究开发机构或加拿大国家航天局）和 3 名宇航员（来自俄罗斯联邦航天局）

上图 国际空间站的舱外活动。图片来源：美国国家航空航天局。

108.5 米，带有大型太阳能电池帆板、蓄电池和散热器，将空间站吸收和产生的热量辐射到太空中。该桁架结构还可以当轨道使用，在其装置的移动货车上固定着加拿大臂 2 号，这是一种经常与名为 Dextre 的"机械手"结合使用的机械臂。对于第一个共享的轨道栖息地来说还不错——一个宇宙之家。

如今，虽然液体净化系统已经能过滤出比瓶装水更纯净的水，但空气净化器却难以消除 20 年来人类不间断存在的气味。特别是考虑到，为了抵消微重力对身体的影响，宇航员被迫每天进行两个小时的体能锻炼。一个小时的自行车或跑步机有氧运动——宇航员被弹性绳固定在跑步机上——外加一个小时的"举重"训练，当然这全要归功于产生阻力的那些器械。

这些体能训练被认为对宇航员的健康至关重要，因为空间站已经证明了失重的长期影响。大气层外环境对人类的影响将继续通过专门的任务进行研究，正如斯科特·约瑟夫·凯利在国际空间站停留一年期间所做的那样。在 2015—2016 年，他的生命机能受到监测，并与留在地球上的孪生兄弟马克·爱德华·凯利进行了比较。

宇航员的工作最令人担忧的副作用是，如果你在轨道上停留超过一个月，骨量会减少 1%，而在更长期的任务中，肌肉质量会减少多达 40%。更不用说因为暴露于宇宙射线而导致的视力丧失和癌症风险的增加。虽然人类已经学会了走出摇篮，但其与地球母亲的脐带尚未被切断。这就是为什么，尽管国际空间站距离地表只有 400 千米，但它的活动却是宝贵且无法取代的。在那里，在轨道上的持续存在会造成没有重力的错觉，因此可以进行一些在任何其他地方都不可能重复的科学实验，首先就是关于未来人类和未来技术的实验。一方面，国际空间站的研究是一项长期项目，旨在确保人类在地球无法居住的严重灾难中幸存下来——正如科幻小说家拉里·尼文所说，"恐龙之所以会灭绝，是因为它们没有太空计划"；而另一方面，国际空间站的座右铭是"离开地球，为了地球"。

此时此刻，营养学与生物技术的研究已经并且正在对改善我们星球上的生活做出根本性贡献。同样地，在轨道上种植发展的水培作物也正在向我们反馈宝贵的信息，这些信息不仅有助于粮食在前往火星的漫长旅程中生长，而且有助于我们更好地利用地球上的每一寸土壤，我们的星球，人口从未如此稠密。此外，国际空间站上完善的循环利用系统已经在陆地上某些资源稀缺的地区被使用。为国际空间站研发的多项科技创新随后在医学上得到了应用，例如便携式除颤仪、用于检测宇航员眼球运动的系统（在视网膜手术中对跟踪患者的眼睛很有用），还有机器人系统加拿大臂 2 号和机械手 Dextre，它们是用于治疗脑部肿瘤的机械臂——"NeuroArm"神经外科机器人手术系统的灵感来源。

最后但同样重要的一点是，国际空间站的建造和在空间站上开展的活动证明了意大利航天工业的卓越成就，自 1964 年发射了辉煌的"圣马可 1 号"卫星以来，意大利航天工业已多次参与重大国际项目。事实上，航天飞机腹部的三个服务后勤舱是在意大利制造的，它们在地球和空间站之间来回穿梭，用以运送物资、备件和新的科学实验。其中，有一个将被永久固定在空间站上，即"莱昂纳多号"多功能后勤舱。

美国国家航空航天局委托建造的其他增压模块"和谐号"节点舱和"哥伦布号"实验舱也加入了它的行列。最后一个更小但更容易辨认的是穹顶舱——一个由六扇侧窗和中间一扇圆形天窗组成的半球体。它将成为面向地球的著名"窗口"，在轨道上拍摄的数千张照片见证了这一美妙的景象。

拓展阅读
在星空中的饮食，包含咖啡

由于最近的水源地在 400 千米外，国际空间站的每个部分都必须有自己的净化系统。这两个系统的工作方式不同，可以循环利用洗涤废水、蒸汽甚至生活尿液（但后者的过滤仅由美国制造的净化器进行）。所以，宇航员们会时不时地将装有自己液体的袋子交给这个国际集团的相关同事。站上有这么一句话：在国际空间站里可以"把昨天的咖啡变成明天的咖啡"。就从字面上来理解，自 2015 年以来，确实可以用意大利专门为微重力条件而特殊设计的咖啡机来手工冲煮太空咖啡。

为了减轻在轨道上长时间停留的压力，航天机构试图为宇航员提供冻干食品以外的食物。

机组人员还可以要求提供个性化菜单，就像卢卡·帕尔米塔诺要求阿戈泰克制作西西里特色菜一样，阿戈泰克同时也是制造上述咖啡机（ISSpresso）的公司。

水果和蔬菜仍然因为质量重和体积大这两个特点，而不太适合太空发射。出于这个原因，自 2014 年以来，国际空间站一直在研究莴苣和其他蔬菜作物，用来预测和期待未来的星际旅行。

这些组件的供应使意大利航天局和欧洲航天局得以将许多宇航员送入太空。同样出于这个原因，今天意大利人在大气层外停留的时长仅次于俄罗斯、美国和日本，排在世界第四位。

60 年后

2011 年航天飞机计划结束后，到达国际空间站的唯一途径是登上"联盟号"，这是由谢尔盖·科罗廖夫在 20 世纪 60 年代开发的载人飞船。美国国家航空航天局不得不依靠俄罗斯联邦航天局并为前往轨道站的每个座位（术语叫弹射座椅）支付昂贵的票价——8600 万美元以及和票价一样巨大的遗憾，因为他们没有一个能将宇航员送入太空的自主飞行器。当然，从 2004 年起，就有人开始谈论猎户座宇宙飞船，这是阿波罗飞船的改进版，归功于星座计划，旨在 2020 年前重返月球。然而，17 年后，"星座"不复存在，而"猎户座"仍处于测试阶段。

来自美国国家航空航天局的阻碍一直持续到了 2020 年 5 月 30 日，SpaceX 公司的龙飞船成了第一艘将宇航员运送到国际空间站的商用飞船。在中断 10 年后，美国恢复了从其领土向太空派遣人类的任务。这艘 7 座载人航天飞船实际上是由可重复使用的"猎鹰 9 号"运载火箭从佛罗里达州发射的，"猎鹰 9 号"是 SpaceX 的另一项技术奇迹，由于发射成本低，该火箭早在此之前就已经与美国国家航空航天局签订了合同，为空间站运送物资。

太空中的意大利人

到目前为止，我们有 7 名同胞进入太空。这是他们执行的任务和在太空中度过的时间。

宇航员姓名	专业	任务名称	太空停留时间
弗朗科·马雷尔巴	电子工程师和物理工程师	1992 年乘坐"亚特兰蒂斯号"航天飞机进入太空	7 天 23 小时
莫里齐奥·切利	试飞员和航天工程师	1996 年乘坐"哥伦比亚号"航天飞机进入太空	15 天 17 小时
翁贝托·圭多尼	天体物理学家	1996 年乘坐"哥伦比亚号"航天飞机进入太空—2001 年乘坐"奋进号"航天飞机进入国际空间站	27 天 15 小时
罗伯托·维托里	试飞员	2002 年乘坐"联盟号"飞船进入国际空间站—2005 年乘坐"联盟号"航天飞机进入国际空间站—2011 年乘坐"奋进号"航天飞机进入国际空间站	35 天 12 小时
保罗·安杰洛·内斯波利	航天工程师	2007 年乘坐"发现号"航天飞机进入太空—2010 年乘坐"联盟号"飞船进入国际空间站—2017 年乘坐"联盟号"飞船进入国际空间站	313 天 2 小时
卢卡·帕尔米塔诺	试飞员	2013 年乘坐"联盟号"飞船进入国际空间站—2019 年乘坐"联盟号"飞船进入国际空间站（国际空间站首位意大利指令长）	366 天 23 小时（欧洲太空停留纪录）
萨曼莎·克里斯托弗雷蒂	飞行员和机械工程师	2014 年乘坐"联盟号"飞船进入国际空间站	199 天 16 小时（欧洲女性太空停留纪录）

拓展阅读
埃隆·马斯克眼中的太空

　　埃隆·马斯克是一位出生于南非比勒陀利亚的企业家。因为先后创办了电子支付"X.com"到后来的"PayPal"，再到豪华电动汽车特斯拉等几家大受欢迎的企业，他成为世界上最富有的人之一。自 2002 年 6 月起，他的名字也与太空探索技术公司（更广为人知的名称是 SpaceX）联系起来，这是他曾承诺改写行业规则的太空公司。饱受赞扬也好，备受诟病也罢，马斯克依然实现了直到几年前仍然被认为是不可能的任务：一个是"猎鹰 9 号"运载火箭，能够在将卫星或宇宙飞船送入轨道后，着陆以供重复使用。

　　马斯克太空哲学的真正支柱——也是终极目标——是征服火星，为此 SpaceX 正在开发星际飞船，这是一种将与比重型猎鹰运载火箭更强大的发射系统相结合的宇宙飞船，2018 年 2 月初，马斯克曾用"重型猎鹰"将一辆特斯拉 Roadster 跑车送入太空。既定目标？十年内到达红色星球。

上图　SpaceX 创始人埃隆·马斯克。图片来源：北美空防司令部和美国北方司令部公共事务部。

　　直到几年前，还是几个大国和工业巨头的专属特权，但现在已有新的选手加入其中。尽管大多数新兴航天公司集中在世界西部，但在新的太空竞赛里，出现了首次亮相大气层外的多个国家和新兴大国。

　　在太空探索中已经位居第二的中国，如今的"嫦娥号"探月工程，可以与美国在探索月球方面媲美。在火星探测器方面，中国的"天问一号"将与美国的"好奇号"和"毅力号"并驾齐驱。

　　此外，2021 年中国新空间站的第一个模块入轨。不过俄罗斯正在考虑建立自己新的模块化空间站，因为美国、欧洲、加拿大和日本的航天机构都参与了"阿尔忒弥斯计划"和"月球轨道空间站"的建设，因此不可避免地担心对于国际空间站的经济支持将相应减少。

　　然而，尽管国际空间站的核心是基于 20 世纪 90 年代的技术，但它未来的界限还远没有划定。随着新的边界逐步远离地球，低轨道资本化的前景也越来越具体而清晰。美国国家航空航天局将空间站（包括宇航员在内）5% 的资源用于商业活动，而不是研发，租金为每小时 17500 美元。

　　从理论上讲，今天已经可以将一只手镯运送到国际空间站，让宇航员佩戴并拍照，然后在地球上转售。而且，鉴于已经收到的请求，国际空间站似乎还能存活至少 10 年，足以将人类在离家最近的轨道上存在的火炬从国际空间站传递到私人空间站。

宇航员萨曼莎

　　欧洲航天局的意大利宇航员萨曼莎·克里斯托弗雷蒂从国际空间站的穹顶舱观察地球。她刚刚被分配到一项新的长期任务，该任务于2022年春季开始。意大利宇航员在太空中的停留时间在世界各国中排名第四，而萨曼莎是在轨道上停留时间最长的欧洲女性。

● 图片来源：美国国家航空航天局。

第五章

私人太空飞行

光进入太空是不够的，踏上月球表面也一样。而今天，感谢公理太空公司（通常称为"AxiomSpace"）和SpaceX这样的私人太空公司，让"普通"人在轨道上度假的梦想成为现实。

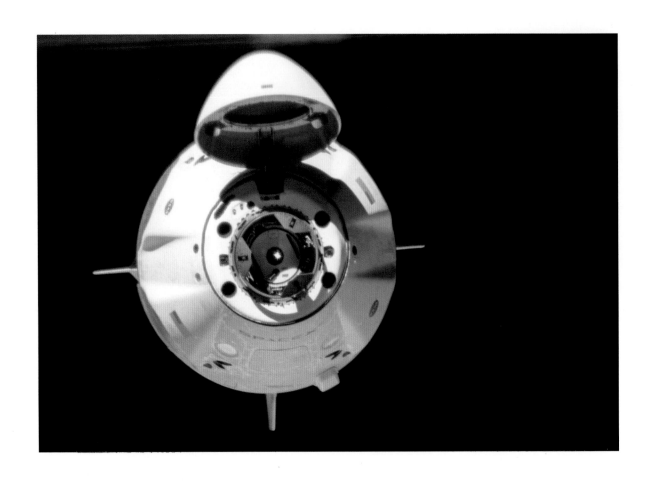

上图 SpaceX 的载人龙飞船于 2020 年 5 月 31 日在国际空间站对接。机上是罗伯特·本肯和道格拉斯·赫尔利，他们是自 2011 年航天飞机退役后从美国本土进入太空的第一批宇航员。图片来源：美国国家航空航天局。

上页图 2020 年 8 月 2 日，宇航员罗伯特·本肯（左）和道格拉斯·赫尔利乘坐 SpaceX 的载人龙飞船，完成任务返回。图片来源：美国国家航空航天局 / Bill Ingalls。

右图 2018 年 2 月 6 日，随着 SpaceX 的重型"猎鹰"运载火箭的首次发射，乘坐特斯拉跑车进入太空的宇航员模型"星星人"。图片来源：SpaceX。

"感谢您搭乘 SpaceX"，飞船控制中心的声音这样欢迎从国际空间站返回的宇航员们，就像平时航班落地时普通旅客听到的那样。那是 2020 年的 8 月 2 日——载入史册的日子——这一天，龙飞船作为第一艘由私人公司研发的航天飞船完成首次载人试航轨道飞行后溅落在海洋中。2010 年 6 月，"猎鹰 9 号"运载火箭首次发射，这枚"中型"运载火箭让 SpaceX 发家致富。短短 10 年间，埃隆·马斯克就实现了专家们认为疯狂的目标。他的企业作为第一个为美国国家航空航天局工作的私营企业，负责为国际空间站提供货运服务。他开创了火箭复用系统，让一级火箭在发射任务完成后返回地面，回收后再次使用，不仅降低了成本，也让竞争对手陷入了困境。自 2011 年航天飞机最后一次飞行以来，美国一直依赖俄罗斯的"联盟号"，而现在，他让美国重新获得了进入太空的自主权。并且他开始自主经营，为其他国家和公司发射卫星，为太空商业开发铺平道路。

感谢 SpaceX，从此不再只有航天机构才能进入轨道。来自私营企业和高等院校的科学家、研究人员，甚至普通游客，都能够飞往太空。简而言之，谁都可以买到太空票。

但太空有什么特别之处呢？仔细想想，几乎没有。说得粗略一点，大气层外是空的。要再准确一些，我们可以说它不仅空无一物，而且非常非常冷。如果没有笨重的航天服，或者没有适宜人类生存的避难所，就不可能在那里生存下来，因为只有这样的环境才能保护人类免受周围真空环境、宇宙射线和微流星体的影响。

这是一个生物所能遇到的生存环境最为恶劣的地方。但也有一些东西能够在那种极端环境下生存，比如缓步动物这样会冬眠和脱水的高原生物。任何拥有小型显微镜的人都可以在水坑里观察到它们。它们也生活在南极洲。它们可以在太空的真空中生存，即便这对它们来说也并非闲庭信步。

那我们去上面做什么呢？与 60 年前相比，促使我们前进的动力远远超出了开拓的精神、对未知的了解、对发现的渴望或是从军事角度结束战略统治的需求。

原因在于为了留在轨道上所必须满足的条件，你必须极速飞驰，从技术上讲，这被称为"自由落体"。它产生一个"微重力"环境，即几乎完全失重的环境，在这个环境中你可以完成在地球上不可能完成的事情。这就是 20 年来一直有人在国际空间站上进行研究和实验的原因。现在，就连私人企业也决定开辟一块"空间"，继续迄今为止主要依靠航天机构和公共资金所完成的工作。政府开放了边界，政府投资于研究，从而为这个独特环境的商业开发铺平了道路。

我们可以把它看作哥伦布的事业，他乘坐西班牙国王资助的卡拉维尔帆船穿越大西洋，目的是开辟新的航线，寻找新的商业资源（在他没有预料的情况下）发现了未开发的土地。

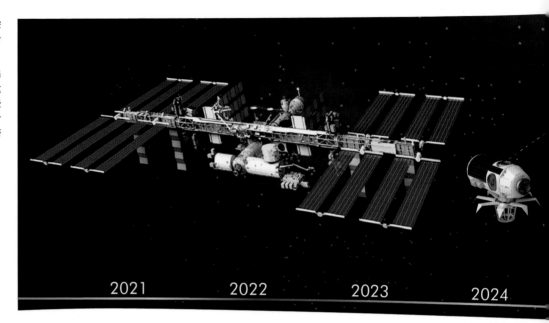

2021　　2022　　2023　　2024

第一模块

发现新大陆的过程现在正以另一种方式发生。除了 SpaceX 之外，最早利用人类太空探索任务从商业开发角度提出具体项目的公司之一的是 Axiom space，这家美国公司已经开始建造第一批将加入国际空间站的商业模块舱。Axiom 的创始人是一群能够解读现在、预想未来并抓住机遇的企业家。但他们并不是最先到来的那几个。老板迈克尔·萨弗雷迪尼是美国国家航空航天局国际空间站的项目负责人；在他身边的卡姆·加法里安，创立了自己的公司，他同时也是美国国家航空航天局的项目合作商。

因此，在 Axiom 工作的是那些为国际空间站的建设做出贡献的人，作为顾问的还有美国国家航空航天局前局长查尔斯·博尔登。2020 年 1 月，美国国家航空航天局委托 Axiom 为国际空间站建造第一批商业生活区，这样空间站的容积将增加。

被称为"Axiom 舱段"的模块将提供国际空间站上的第一个私人"居住区"，这是太空时代的一场新革命。

一张太空入场券

通常，宇航员一般都是飞行员、军用飞机试飞员和工程师。所以，谈论太空的"民主化"，听起来真的很像科幻小说。然而现在，我们终于开始具体地讨论这个问题。除了在其舱段中接待"专业"宇航员

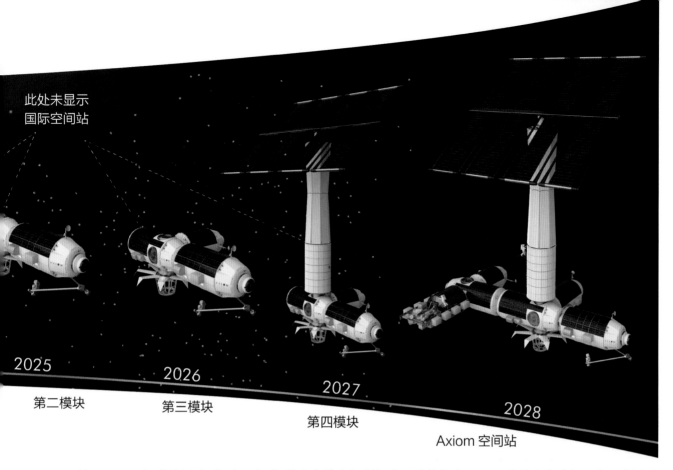

此处未显示
国际空间站

2025
第二模块

2026
第三模块

2027
第四模块

2028
Axiom 空间站

外，Axiom 还将为没有"两把刷子"的太空游客提供机会，让他们在 400 千米的高空度假，在环绕地球的轨道上欣赏令人叹为观止的美景。国际空间站上的穹顶舱为宇航员提供了让人难以置信的壮丽视野，而这个私人空间站所包含的沉浸式穹顶，将更加引人入胜。在那里，富豪们可以拍出无与伦比的绝美自拍。Axiom 空间设计师设计的相同环境与国际空间站的一团乱麻（乍一看）很是不同，后者被认为是 30 年前设计的工作环境。新的室内设计让人联想到奢华的度假村，只需触碰屏幕和几个按钮就可以满足所有需求。

即将推出的 Axiom 舱段的首批组件中有两个将在意大利制造，最终签下合同的是泰雷兹阿莱尼亚宇航公司，该公司在增压环境方面拥有扎实的专业知识和坚实的技术诀窍。组件将在都灵的增压工厂生产，那里已经诞生了国际空间站的各种其他组件。第一个模块预计将于 2024 年发射并加入空间站，但 Axiom 已经走在了前面。来自非航天机构的商业宇航员甚至普通公民，付费后都能更早地前往国际空间站。他们之中，可能还有一位电影明星——汤姆·克鲁斯——将在飞船上拍摄一些电影场景，而不需要利用特效来模拟失重。一切都是真的。把他带入太空的，将是一个 SpaceX 的太空舱，即载人龙飞船，位于"猎鹰 9 号"火箭的顶部。

旅游业或许是最"流行"的领域，但只会是商业公司可能投资的领域之一。我们会看到，和大气层外其他旅游产品一样，这样的假期肯定不便宜。就费用而言，把人送到那里可是一笔巨大的开支。尽管市场已经大幅降低了价格，但每千克货品入轨产生的费用仍需将近 3000 美元。所以私人公司和私家宇航员围绕着地球，主要是为了做生意。在不被窗外景色迷住的前提下，驱使这个（不再）不可能的任务（Mission Impossible）向前推进的，永远是经济上的利益。

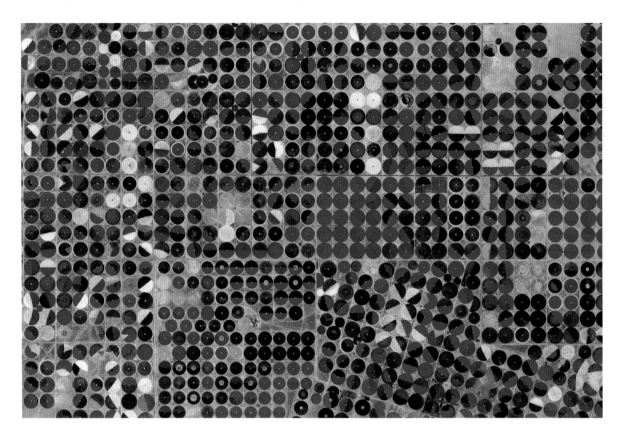

当然，这个空间永远属于精英阶层，专为高级技术人员或有足够财力的人设计，但至少没有那么不可能。如果这一条适用于那些生活中成功的企业家或者高薪运动员，那么它对于科学家和研究人员来说更是如此。到目前为止，轨道上的实验都是由宇航员做的，他们一直与设计实验的大学和公司保持联系，并在精确的指令下进行实验。但是，如果登上太空不再是一次开拓性的冒险，那么这些实验很快将由它们的所有者来进行。工程师、医生、化学家、植物学家和物理学家将拎着满满的行李箱上去一周，在

上图 来自欧洲航天局的哨兵2A卫星的假彩色图像，拍摄于沙特阿拉伯图巴尔·哈尔附近的灌溉农田。这是从太空拍摄的图像如何服务于比如农业这样多样化行业的一个示例。图片来源：哥白尼哨兵卫星数据（2015）/欧洲航天局，（CC BY-SA 3.0 IGO 协议）。

右图 2017 年，欧洲航天局的意大利宇航员保罗·内斯波利在国际空间站与同事们一起展示了在轨道上种植和"收获"的莴苣。图片来源：欧洲航天局 / 美国国家航空航天局。

拓展阅读
新太空经济

距离只有航天机构、政府部门以及电视电信巨头才有可能进入太空的时代，似乎已经过去了一个世纪。SpaceX 等私营公司生产成本的逐步降低，卫星体积的日益缩小及其组件的相应小型化，为曾经感觉遥不可及的研究机构和商业公司提供了将仪器送入轨道的可能性。这使得利用太空基础设施来提供服务、销售服务和开展业务的市场快速拓展。地球观测是发展最快的领域之一。数百千米高空上的视野非常广阔，可以每天一次，甚至每天几次地观察农作物的生长，检测土壤的状况，并且监测火灾和自然灾害所造成的破坏。金融部门利用卫星数据来了解货物和人员的流动。政府部门则借此来监测建筑物、高架桥和道路的稳定性。这是一个全球价值约 4000 亿美元的市场。进入太空成本的降低也将推动新太空经济的下一场革命——载人航天。

微重力下观察植物的生长，研究用于 3D 器官打印的细胞培养，或是对用来合成新药的物质进行分析处理。他们将能够亲自研究自己的设计、执行并重复实验。

对于那些参与研究人体在失重状态下的反应的项目的人来说，这是最具吸引力的未来前景之一；对于地球上致力于医学新品研发的公司来说，这是巨大的利好。我们在谈论的是"新太空经济"，这是一个能够拓展到许多领域（制药行业是最常见的例子之一）的全新边界，直到 10 年前，这些行业和领域还无法在太空环境中进行测试。

但我们的太空仍然与国际空间站联系在一起。说起来，如果它崩溃了，又会发生什么？大概 2030 年？还有一个原因是，（根据阿尔忒弥斯重返月球计划）在大约 10 年后，我们将在月球轨道上建立一个新的前哨基地，也许还有一个月球表面的定居点。我们正在计划第一次人类火星任务。现在这个老旧而又辉煌的实验室，作为太空之家在为我们服务 30 多年后，将被"退役"。届时，Axiom 的第一个私人空间站将与国际空间站脱离并实现自主化运作，其容量将增大以容纳更多工作人员，并增加其太空豪华酒店和太空实验室的业务，又或许将建成其他的轨道站并投入使用。其实项目并不缺乏，但只有少数几个已经跨过了概念阶段。

其中包括毕格罗宇航公司，该公司提出了一个令人沉醉的想法：增压环境、太空基地甚至月球殖民地，一旦到达目的地，就对封装好的太空舱进行充气。原型是一个名为"BEAM"的膨胀式可充气太空舱，多

上图 毕格罗宇航公司的充气模块与国际空间站的"宁静号"节点舱相对接,于2016年抵达空间站。它目前的作用是储存材料的仓库。图片来源:毕格罗宇航公司。

左图 未来从国际空间站分离后的完整 Axiom 空间站。图片来源: Axiom Space。

年来一直是国际空间站的一部分。然而,全球新冠病毒感染危机让这家公司的项目"暂时"停止,这可能意味着创始人罗伯特·毕格罗要放弃他的光荣梦想。毕格罗是美国经济型酒店业大亨,他不满足于在地面上的商业扩张,准备将廉价旅馆开到太空上去。

另一个把赌注押在太空硬件上的是 Nanoracks,这是一家总部位于得克萨斯州休斯敦的公司,它提出将火箭的轨道残骸,放入增压环境中进行改造,用于发射其他载荷。这样做的另一个好处是,还能清理一些太空垃圾。

太空旅行社

如果去做调查,我们可能会发现,很多人从小梦想或者曾经梦想过进入太空。原因可能与驱使你去一个从未到过的国家或者城市相同,发现一个新的所在。然后为之惊叹。比起游览北京或者布拉格,到访太空简直是一种超凡脱俗的体验,价格中包含了大量肾上腺素(令人心跳加速),每天还可以欣赏 16 次日出和日落。所以说,将人们送上太空、进入轨道甚至到更远的地方,是一笔真正有前景的大生意,就不足为奇了。专门的"旅行社"已经准备为手头上的第一批船票检票了。

"在您的房间里,您可以欣赏到独特的美景,在北极光的巨大光波面前俯瞰世界上最令人惊奇的自然景观之一。在一个配备了各种舒适设施的环境中,您不

咱们露台上见？

插图中展示了 Axiom Space 私人空间站的穹顶，俯瞰地球的全景天窗，比国际空间站上已经十分壮观的穹顶舱提供更加身临其境和引人入胜的体验。

• 图片来源：Axiom Space。

仅可以获得独一无二的住宿体验，还可以在导游的带领下，到完全安全的野外环境中，散步和远足。"这是一个广告语，既适用于斯瓦尔巴群岛上的豪华度假胜地，也适用于在星空中进行的一趟奇妙旅程。太空探险公司给出的承诺正是如此。这家美国公司已经与 SpaceX、Axiom、美国国家航空航天局和俄罗斯联邦航天局签署了合同，将太空游客带到国际空间站停留，在 Axiom 准备就绪后，也会把游客带上他们的空间站。太空探险公司还提议在旅行套餐中增加一次太空漫步，就好像是在白尼罗河水域的一次游船观光。不同之处在于价格一栏里要填上的是几个"零"，至少七个。当然还有一些必要的训练，包括升空准备训练，如何穿上航天服，以及如何在太空中行走。游客将可以选择乘坐 SpaceX 的龙飞船——它现在是美国的太空出租车——或者也可以乘坐老旧可靠的"联盟号"飞行。

但在太空中，目的地在某种意义上也就等于旅程本身。因此，今天已经能想到的假期不仅仅是在国际空间站停留。你可以飞得更高，两倍甚至三倍，达到 1000 千米，环绕地球长途旅行。这些想法太空探险和 SpaceX 都能帮你实现。即使是埃隆·马斯克的太空探索技术公司制造的太空飞船，也不仅仅是美国国家航空航天局和其他航天机构的运输工具。与许多其他服务一样，这只是第一步。在大多数情况下，太空是这样运作的，你测试技术，然后将它提供（或出售）给所有人。在这种情况下，显然，只针对那些银行账户里有巨额财产的人。到目前为止，这样的人不多。

去太空里度个假要花多少钱？看情况。

现在，在国际空间站停留 7—10 天的费用约为 5500 万美元（但如果加上户外游览，基本费用会上涨）。前宇航员兼 Axiom 公司副总裁迈克尔·洛佩兹·阿莱格里亚和他的 3 位旅伴——将担任飞行员的企业家拉里·康纳、加拿大的马克·帕西和以色列的埃坦·斯蒂贝——花费了这么多。SpaceX 宣布，这 4 名宇航员将成为第一批进入空间站的私人宇航员。按计划，这会发生在 2022 年。

上图 Axiom Space 将要创建的私人空间站的内部环境。图片来源：Axiom Space。

为了证明这个行业的活力，几周后，Inspiration4（灵感4）任务被公开：这是第一次全平民轨道飞行任务，乘坐的是 SpaceX 的载人龙飞船，由企业家 Shift4 Payments 的创始人兼首席执行官贾里德·艾萨克曼"包租"。

这将是一架四座包机。一个席位留给这位亿万富翁（一位经验丰富的飞行员，但不是宇航员），两个席位留给孟菲斯圣裘德儿童研究医院的代表，第一个人已经确定了，29 岁的海莉·阿尔切诺，圣裘德的医生助理。她将成为太空中最年轻的美国人，也是第一个在骨肿瘤治愈后装着假肢进入太空的人。最后一个席位分配给了一张彩票，旨在为这家医院筹集 2 亿美元的慈善基金。但此次旅行的目的地不是国际空间站，而是地球轨道，停留 2—4 天。这将是一个用红笔标记的日子：第一次一群"普通"人乘坐私人航班进入太空。

放眼更远的未来，日本亿万富翁前泽友作开出了 1 亿美元的支票，准备与 SpaceX 一起绕月旅行。此次行程定于 2023 年，旅行的路线是按照阿波罗 13 号任务的轨迹绘制的。

用 6 天时间到达人类从未到达的最远点。前泽友作是一位独特而有远见的人物，他想带上的不是一群工程师或者科学家，而是艺术家团队，这也将是一场革命。让奇迹创造财富，不仅是经济上的，还有文化上的，就像梵·高和萨福受到苍穹的启发，或是大卫·鲍伊受到新太空文明的启发一样。

太空探险在其网站目录中也提供了乘坐增压舱和"联盟号"飞船进行绕月旅行的方案。在这件事情上，当然不能少了俄罗斯。俄罗斯联邦航天局旗下的商业分支机构 Glavkosmos 也已经宣布，最早在 2022—2023 年在其"联盟号"上搭载太空游客。

超越大气层的旅行：亚轨道飞行

和所有的假期一样，太空旅游也可以提供——我们这么称呼吧——不同的体验。进入轨道并不是获得宇航员徽章的唯一途径。还有"碰一下就跑"的快闪方案，一种超越卡门线的"出城之旅"。太空游客的独特之处基本上包括两个唯一：能够从上面俯瞰地球，以及至少在一段时间内，在失重状态下飘浮。人们可以在不进行地外航行的情况下尝试两者，只需要提供恰到好处的力量，这远远小于到达国际

太空工厂

几家具有前瞻性的公司和初创公司正在投资太空制造领域，在太空中造东西。事实上，零重力环境允许在不受重力加速度"干扰"的情况下加工某些类型的材料。可以对产品进行更均匀的处理，因为没有重量就没有上下之分，主要集中在金属合金、光纤制造、人体器官的 3D 打印和药物制备等领域。我们看到的场景是，工作人员在太空基地里工作，或者可重复使用的无人空间飞行器自主工作，比如欧洲航天局正在研究的太空骑手，以及美国太空部队的 X-37 验证机，在这些微型航天飞行器上，一切都在无人干预的情况下进行。

第一批太空游客

太空探险的企业家是一些有远见的开拓者，他们已经看到了——而不是今天才看到——太空未来的巨大机遇。该公司至少已经有 20 年的太空旅行经验。第一个买票的是美国企业家丹尼斯·蒂托。2001 年，他成为世界上的第一位游览太空的公民，并在国际空间站待了一个星期。在他之后，另有 6 名太空游客（4 名美国人，1 名加拿大人和 1 名南非人）跨过了国际空间站的门槛，当然也是通过太空探险公司进入太空。其中一位是微软的开发师查尔斯·西蒙尼，匈牙利裔美国人，他甚至两次升空，在轨道上总共度过了 26 天，花费 6000 万美元。

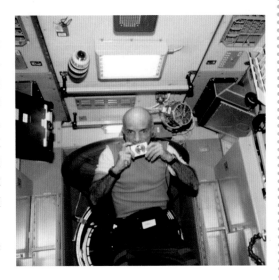

右图　2001 年，第一位太空游客丹尼斯·蒂托登上国际空间站。图片来源：美国国家航空航天局。

空间站所需要的推力。如果说那种是跳远，那么这种，则是跳高。

超过 100 千米的高空是失重的代名词。想要获得失重，而不是坠落和撞击地面，就必须以极快的速度绕地球旋转。这有点像电梯的电缆突然断裂——当然这时候的感受要小得多——在与电梯一起下落的几秒钟内，乘客会开始飘浮，而不会感觉到自己的重量。

但是后果会很严重。

所以不一定要进入轨道，因为这是一个非常浪费能源和成本的过程，背后的想法是从足够高的地方坠落，以便能够体验失重并欣赏美景。同时又拥有足够的时间来进行减速并安全着陆。解决方案是亚轨道飞行，即在不完成太空轨道飞行的前提下升入太空并返回地球。

现在仍然没有一架飞机可以从地面起飞，进入太空，然后使用相同的引擎返回。制造一个在空气中和真空环境中都能正常工作的发动机存在实际的技术困难。事实上进入太空所使用的火箭不需要从外部收集氧气即可发挥作用。为了克服这一限制，太空旅游市场（但不仅限于该领域）的解决方案之一是混合动力，并遵循了 60 年前已经测试过的飞机的理念，美国空军的 X-15 战斗机，它钩住 B-52 轰炸机的机翼起飞，就像鲫鱼吸附在鲨鱼下那样。

由理查德·布兰森创立的维珍银河公司正在将其付诸实践，他承诺，该公司将很快让太空游客乘上其亚轨道航班。起飞是水平的，从跑道上起飞，用一架特殊的飞机"白色骑士 2 号"作为载机。在它的机翼下挂载的是真正的载人飞船"太空船 2 号"，载有 2 名飞行员和 6 名乘客。飞机爬升到大约 15 千米的高度后，释放"太空船 2 号"，随后太空船点火发射，以 3 倍半于音速（约每小时 3500 千米）的速度飞出大气层。在大约 100 千米的高度，动力关闭。此时，在没有发动机推力的情况下，飞船"系统"进入自由落体状态，在此期间乘客终于可以解开安全带，失重飘浮几分钟，能从舱窗向外看，从太空"俯瞰"地球。

下图 1966 年，飞行员米尔顿·O.汤普森、威廉·H."比尔"·达纳和约翰·B."杰克"·麦凯与一架 X-15 高超音速飞机合影。图片来源：美国国家航空航天局。

拓展阅读
太空是从哪里开始的？

太空的边界是约定俗成的，因为我们的大气层不会突然结束，它没有明确的界限。航天工程师西奥多·冯·卡门计算出，在 100 千米的高度，飞行器想要保持飞行而不坠落，自身的速度必须比轨道速度快很多，才能获得足够的升力来支撑自身重量。因此，卡门线（海拔 100 千米的高度）是国际航空联合会为区分航空和航天飞行而设立的边界。但美国国家航空航天局对太空范围的定义是超过 50 英里（约 80 千米）的高度。然后他们还给几位在 20 世纪 60 年代测试 X-15 战斗机的飞行员授予了"宇航员"称号。

与轨道旅行相比，这种体验持续的时间比较有限，因为它不进入轨道，成本也要低得多。维珍银河的整个飞行持续 2—3 个小时，在微重力下的体验时间约为 6 分钟。然后在发动机关闭的情况下，开始朝着跑道滑翔。与航天飞机一样，它的着陆是水平的，这与宇航员的太空舱不同。（在 2014 年发生坠毁事故后）现在的测试结果显示是可以放心乘坐的，太空船被命名为"VSS Unity"，已经载着 3 名乘客抵达太空，并返回基地。机票的预期价格为 25 万美元。太空旅游的时代似乎真的开始了，在第一批渴望登机的乘客中，还有这条新"线路"的主人——维珍银河的创始人理查德·布兰森。目前，登机口设在维珍银河在新墨西哥州沙漠建造的美洲航天港。而正是因为一条跑道就足够了，地球上的许多机场都可以作为维珍银河飞行计划的发射或着陆基地，从而成为太空港。其中包括意大利塔兰托省的格罗塔列。

上图　蓝色起源太空公司"新谢泼德4号"太空舱的舷窗视图，以及2021年1月测试期间的乘客人体模型。图片来源：蓝色起源。

X-15，飞入太空的火箭飞机

并不是所有宇航员都是通过乘坐垂直起飞的火箭获得这一"执照"的。美国空军的几名试飞员就是这种情况，他们在20世纪50年代至60年代驾驶的X-15战斗机，是一种高超音速实验型飞行器，飞行速度能够超过5马赫，是音速的5倍。就像维珍银河的"宇宙飞船2号"一样，X-15也是在载机的机翼下起飞，不过它的母机是B-52轰炸机。X-15的时速超过了7200千米。这为其飞行员赢得了宇航员的"翅膀"，尽管他们不是美国国家航空航天局航天计划的一部分，也从未进入过太空。这支队伍的非正式座右铭是"Higher and faster"（更高，更快）。

除了太空的魅力外，亚轨道飞行还有一个巨大的优势，即旅行速度。如果说乘坐正常的洲际航班从伦敦到纽约大概需要六个半小时，那么维珍银河则可以在四分之一的时间内完成相同的旅程。再比如从欧洲到悉尼只需4个小时。比起能搭载100多名乘客的协和式超音速客机，这将是一项更为独家的服务，但技术的创新可能会让我们感到惊讶，在未来的10年到15年里，我们可能会看到一批新飞机的诞生，它们具有相同的功能，但要比现在的宽敞得多。

不过，在亚马逊创始人杰夫·贝佐斯的太空公司蓝色起源计划的亚轨道飞行中，游客会像宇航员一样垂直起飞。蓝色起源与美国国家航空航天局合作开展了新一轮的月球竞赛，包括阿尔忒弥斯重返月球计划，但也在试验一个类似游乐场"旋转木马"的概念项目。不过，这个"木马"达到了非常高的高度，直到太空。它是一艘宇宙飞船，在小型火箭新"谢泼德号"的顶部起飞，爬升超过100千米后，引擎关闭。然后，飞船分离并开始自由下落。火箭返回起飞点附近着陆，而飞船则带着降落伞降落在附近。从火箭点火到返回地面，这一切只需要大约10分钟。价格约为20万美元，即每分钟2万美元。

下图 蓝色起源公司的"新谢泼德号"火箭，在将未来用于运送乘客的太空舱带到100千米以上的高度后稳稳落地。图片来源：蓝色起源。

布兰森、贝佐斯和埃隆·马斯克的项目都已经成熟，尽管这看起来更像是亿万富翁们的娱乐消遣，但他们展望未来，倾注未来，他们从已经改变了世界的公司（如亚马逊和特斯拉）中积累巨额利润，用来创造新的工作和商业前景。

让（几乎）所有人像宇航员一样飞行

对于那些不可能真正进入太空的人来说，有一种更实惠的方式可以至少体验一下微重力，就是抛物线飞行，即用一架中大型飞机实现，飞机内部座位很少，空间很大。核心概念总是那一个——自由落体。飞机起飞，爬升到45度，然后在达到正确的高度后自由坠落。因此，随后的轨迹会是抛物线。所以，就像在电梯中一样，乘客开始飘浮。这种体验持续时间很短（大约30秒），但在每次飞行中，抛物线飞行可以重复数十次。航天机构已将抛物线飞行作为宇航员培训的一部分，让他们借此体验太空环境中的微重力。

但运营这项服务的公司也为私人的太空飞行提供了可能性，价格几乎可以说"亲民"，从5000欧元到10000欧元不等。零重力公司甚至提议在失重的同时，举办一场零重力婚礼。也许对我们大多数人来说，在社交网络上发布这样一张自拍或是一段视频还没有那么大的意义，但抛物线飞行领域从成熟到现在已经过去了数十年，安全系数很高，而且"太空热"正在感染越来越多的人，虽然目前只有少数几家公司正在营业，但也许很快就会有更多公司加入其中。因此，竞争可能会让价格进一步降低，使"宇航员"体验成为可能，让每个人都能真正负担得起，就好像去游乐场玩上一天。

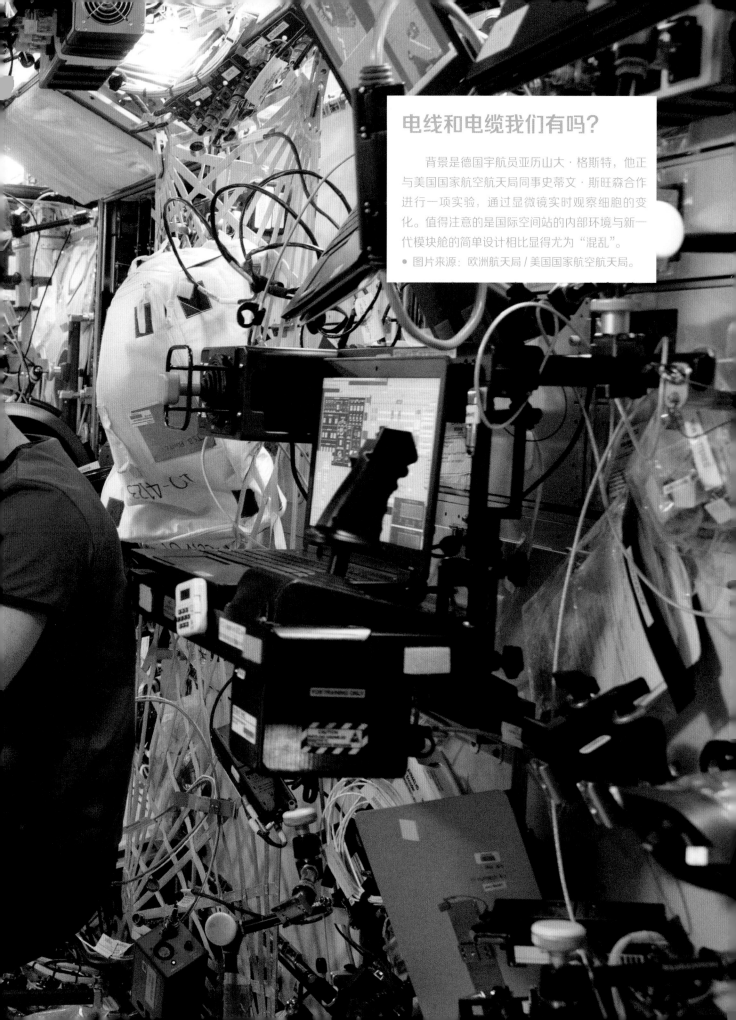

电线和电缆我们有吗?

背景是德国宇航员亚历山大·格斯特,他正与美国国家航空航天局同事史蒂文·斯旺森合作进行一项实验,通过显微镜实时观察细胞的变化。值得注意的是国际空间站的内部环境与新一代模块舱的简单设计相比显得尤为"混乱"。

● 图片来源:欧洲航天局 / 美国国家航空航天局。

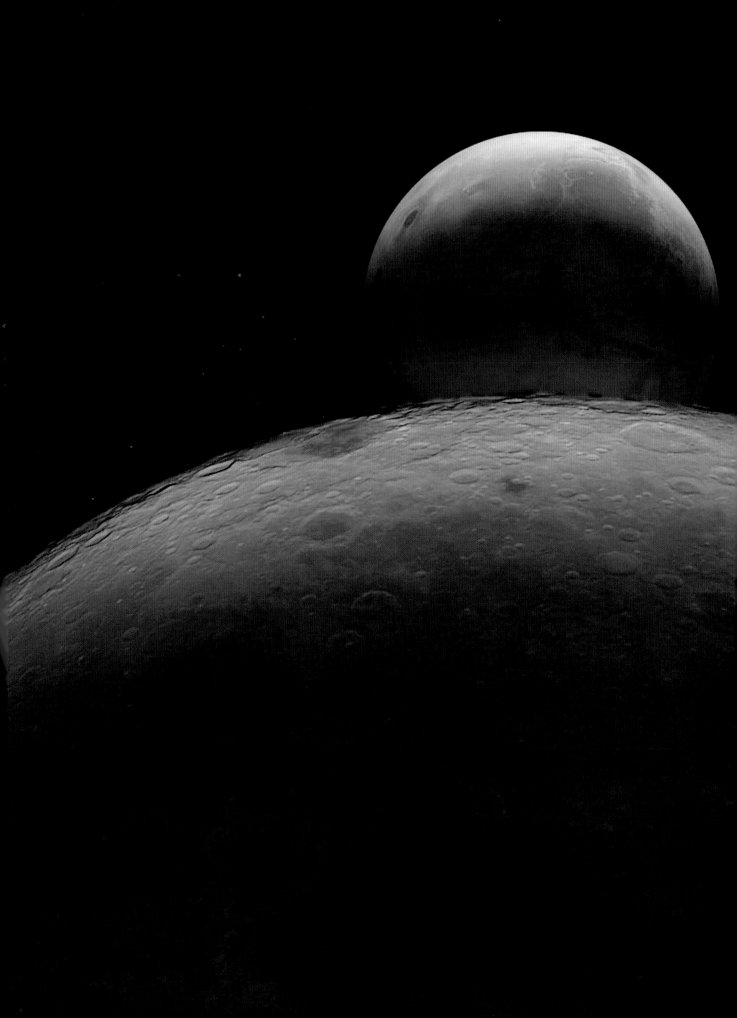

第六章

重返月球，留下来

今天，当我们谈论月球时，我们会想到月球轨道空间站"月球门户"，也就是月球轨道上的一个基地，会想到月球表面的一个村庄，还会想到将在那里登陆的第一位女性。而现实似乎已经超越了想象。

在美利坚合众国第46任总统的椭圆形办公室里，一个很显眼的位置，摆放着一个圣物箱。它被摆放在美国国父乔治·华盛顿的蓝色选集之间。透明的玻璃箱里固定着一块穿孔的岩石。这是由最后一批踏上月球的人在阿波罗17号任务中带回地球的741个样本之一。如前所述，其中一名宇航员哈里森·施密特，是第一次拜访月球的，也是唯一一位科学家和地质学家。2021年当选的总统乔·拜登想在那里，放一块从另一个天体上收集的岩石，在这个国家的开国元勋之一所书写的朴素巨著中，见证美国过去探索外太空的成就，并在读到这一选择的象征意义时，见证等待书写的未来。登月并非易事，即使距离第一次登月已经过去了50多年。在这些年里，我们实际上也已经建立起了太空文明，但重返月球仍非儿戏。美国国家航空航天局前局长吉姆·布里登斯汀的话很明确："我们将要去往月球，并且留在那里。"

这意味着更长时间的任务，不再是碰一下就跑。建立一个前哨，地球以外的第一个人类殖民地。然而，要使这一切成为可能，仅靠美国国家航空航天局和美国政府的承诺是不够的，就像20世纪60年代末发生的那样。国家之间的合作本身就是一种附加值，而不仅仅是从技术的层面来说。这是近几十年来人类学到的最重要的一课。一起探索未知世界是一项伟大的文化成就，国际空间站就是其中一个象征，一座丰碑。

但是这些丰碑，无论人们多么频繁地参观，都是对过去的庆祝，而现在的边界已经远远超出了人们的视野。国际空间站的轨道距离我们大约400千米，而月球距离地球将近40万千米。从天文学上看，只是迈了两步，但对人类来说，其实是逾越天堑，然而，这并不妨碍我们到达那里并返回地球。我们已经这样做了，从阿波罗8号到17号，除了阿波罗9号之外，9组宇航员抵达月球并成功返回。

但是，为了长期留在那里奠定基础，就必须建立一个货物和人员的运输系统。从美国国家航空航天局阿尔忒弥斯计划的路线图中可以看到，有许多国家和个人参与其中，并且包含了多个任务。从现在起到2024年的日程将非常紧密，我们希望（只能说是希望）在这个日期之前，让第一位女性踏上月球的土地。

上图 美国总统乔·拜登椭圆形办公室里摆放着的月球岩石碎片（月球样本76015.143）。它来自阿波罗17号任务带回地球的样本。图片来源：美国国家航空航天局。

上页图 月球，然后是火星：人类下一次太空任务的目标。图片来源：美国国家航空航天局。

绕月基地

同样在未来的几年里，围绕着月球，我们也将拥有一个"国际空间站"——月球门户空间站，这是一个前哨站和实验室，这一次，它还将成为未来频繁到访这一最新边界的后勤基地。在某种程度上，这是一个与阿尔忒弥斯计划平行开展的综合项目，并且看到了许多国家的合作。其中，国际空间站项目的一些主要参与者，除美国外，还有日本、加拿大和欧洲航天局。也许，还有俄罗斯。

未来通往月球的高速公路上车流会很繁忙。根据美国国家航空航天局提出的计划，月球门户空间站的前两个模块将于2024年发射，与预期返回月球土壤的时间是同一年。第一个是能源与推进模块（PPE），第二个是居住与后勤前哨模

在太空中旅行

沿着"快速"路线到达国际空间站大约需要6个小时。到达月球则需要更长的时间，3天到5天，返回地球的时间也一样多。如果像阿波罗13号那样发生紧急情况的话，仅仅是把飞船掉个头并按下加速按钮是不够的。事实上，离开地球所需要的能量是如此之高，以至于为了掉转方向，就必须利用月球引力。正如阿波罗8号和吉姆·洛弗尔的阿波罗13号上的机组人员所做的那样，必须先抵达我们的卫星上空，绕着它转一圈，转到相反方向，飞行一个类似"8"的轨迹才行。

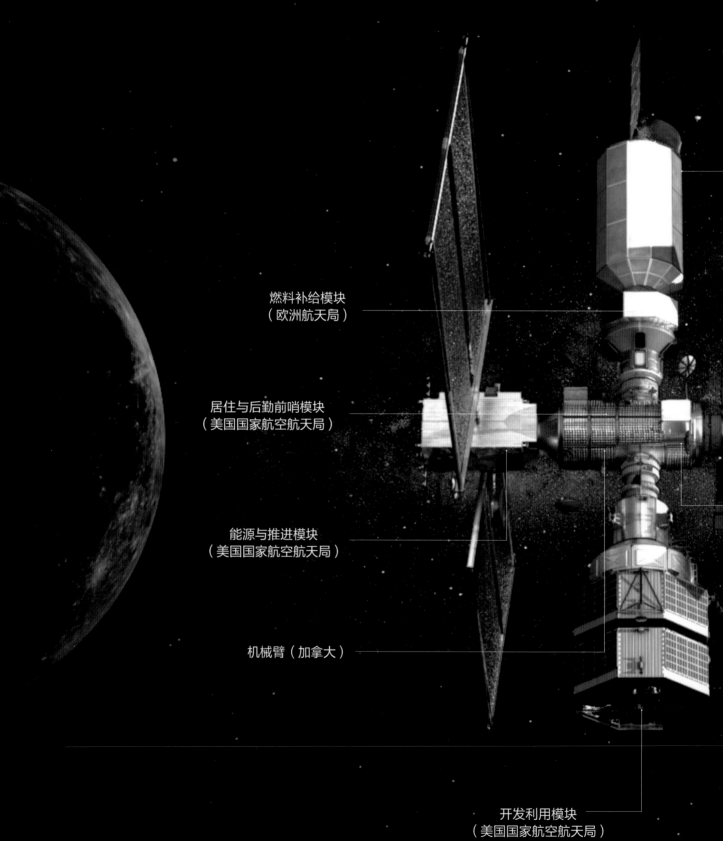

燃料补给模块
（欧洲航天局）

居住与后勤前哨模块
（美国国家航空航天局）

能源与推进模块
（美国国家航空航天局）

机械臂（加拿大）

开发利用模块
（美国国家航空航天局）

月球轨道空间站

这就是月球门户的构成，这个位于月球轨道上的基地，预计将于 2024 年开始建造。图中突出了各个舱段部分以及负责建造的国家。

● 资料来源：根据美国国家航空航天局 / 欧洲航天局的图像制作。

货运补给模块
（美国国家航空航天局）

多功能气密舱
（俄罗斯联邦航天局）

猎户座飞船（美国国家航空航天局）

猎户座服务模块
（欧洲航天局）

门户的"社区"

月球门户的第一个核心将包括两个模块，预计将在 2024 年一起发射：能源和推进模块（Power and Propulsion Element，缩写为 PPE）以及居住与后勤前哨模块（Habitation and Logistics Outpost，缩写为 HALO）。随着组件的增加，空间站将以模块化的方式成型，有点像它的"姐姐"——国际空间站。从欧洲航天局将发射通信与燃料补给模块（European System Providing Refueling, Infrastructure and Telecommunications，缩写为 ESPRIT），该模块（除了一个全景"天窗"）还将承载通信设施，以及与日本宇宙航空研究开发机构合作的另一个居住空间 International Habitat，缩写为 I-HAB（国际居住舱）。加拿大航天局将效仿国际空间站的加拿大臂，开发机械臂。

除此之外，还将添加各种运输组件：（货运物流车辆的）货运补给模块，（带有欧洲服务模块的）美国国家航空航天局猎户座飞船，用于运送人员和着陆器，它们将从那里分离，降落到月球表面，然后在任务结束后返回。

块（HALO），将使用 SpaceX 的重型猎鹰运载火箭发射。私营公司的贡献对该方案的成功至关重要。未来的太空屋最初将是一个单间公寓，但与国际空间站一样，它会逐渐扩大。它不会像国际空间站那样总是有人在上面工作。在月球轨道上每次一般停留两周，因此在某些时期内，它将保持空置状态，通过远程自动管理实验和进行操作。

第一个在月球周围安置宇航员的"房间"将在都灵诞生。实际上是意大利的泰雷兹阿莱尼亚宇航公司签下了建造 HALO 模块结构的合同。其将把成品交给诺斯罗普·格鲁曼公司，由这家美国公司为美国国家航空航天局完成最后的工作。正如国际空间站上的那样，如果宇航员有一天可以看着外面并欣赏这片美景，那还是要感谢泰雷兹阿莱尼亚。事实上，在皮埃蒙特的工厂里，他们还在进行 ESPRIT 模块的生产，这是一个通信和燃料补给模块。

空间站上的这个模块还有一个隧道窗，让人可以以 360° 的全景视角往外看。从心理学的角度来说，这是一个非常重要的细节，也是宇航员明确要求的，否则他们将被迫在一个"盒子"里一起生活数周。因此，在工作休息期间，他们将能够欣赏到迄今为止只有极少数人（执行阿波罗任务的宇航员们）享有的"特权"。一面，是月球贫瘠的表面，一片由无数凹形陨石撞击坑形成的广阔荒漠，太阳的掠光从中

月球轨道上的旋转木马

围绕着月球，门户空间站的偏心轨道将画出一个长长的椭圆形，在月球北极上方约 3000 千米处有一个距离月球最近点，在月球南极上方 70000 千米处有一个距离月球最远点。空间站将每 7 天进行一次完整的旋转。这意味着，有可能，每周都可以降落到月球表面，或者在正在执行任务的情况下，上升返回空间站。这种近直线的光环型轨道有几个优点：易于维护（几乎不需要定期调整和能量消耗）；可以很轻松地到达；它为观测地球、太阳和深空物体提供了许多机会；并且几乎没有盲点（这确保了与地球的持续通信）。它还可以在需要时为正在月球背面执行的任务提供无线电中继覆盖。

上图 美国国家航空航天局用于执行月球任务的新型火箭太空发射系统的艺术效果图。图片来源：美国国家航空航天局 /MSFC 软件。

梳理出黑色的浮影，还有我们称为"月海"的黑色玄武岩平原；另一面，是我们的蓝色星球，像一个按钮那么大，朋友、家人和同事都在那里等待他们。同时，空间站椭圆形的轨迹划出一条薄薄的弧线，弧线的尽头越来越广阔，一直延伸到太空深处。那里，是星辰大海。

与国际空间站相比，月球门户将是一个基础设施，也就是说，它将不仅仅是一个进行实验的住所和

拓展阅读
月球火箭

把重物带上月球需要大量能源。有史以来最强大的火箭是阿波罗任务中的"土星 5 号"，这绝非巧合。至少到目前为止是这样。10 年来，美国国家航空航天局一直在研究太空发射系统（Space Launch System，缩写为 SLS），这是一种可与其性能相匹配的超重型运载火箭。2022 年 11 月 16 日，"太空发射系统"首次发射升空。

不确定的是，2024 年能否实现将第一名女性宇航员送上月球的目标。

有可能替代 SLS 的可能是 SpaceX 的星际飞船，它有望成为有史以来建造的最强大的火箭。

几年来，SpaceX 的重型猎鹰运载火箭一直在飞行，但它的功率要低得多；它将用于阿尔忒弥斯计划的第一个机器人任务，并在 2024 年运输月球门户的第一批组件。也不排除将使用私营公司的火箭来运送宇航员，诸如 SpaceX 的载人龙飞船或者波音的新格伦火箭等。

实验室。就像科幻电影《2001 太空漫游》里的 5 号空间站一样，它将成为一个枢纽，一个航天器可以停泊的港口，并作为登陆月球的基地。它就是为了容纳乘坐宇宙飞船从地球前来的机组人员而设计，这些宇宙飞船包括：美国国家航空航天局正在开发的"猎户座"，SpaceX 的载人龙飞船，以及波音的星际客船。但由于它在轨道上的位置，它将下潜降落在月球表面平台。实际上，其中一个对接门采用的正是容纳着陆器的设计，供下降着陆时使用。

上图 Astrobotic 公司制造的 VIPER（挥发物调查极地探索漫游车）将探索月球南极地区以寻找水源。图片来源：美美国国家航空航天局 / 艾姆斯研究中心 / 丹尼尔·鲁特。

月球就像一座难以逾越的 8 千米高峰，一座只被少数人触碰和探索过的山峰，攀登起来总有风险。月球门户将是一个"大本营"，一个装备齐全的营地，"登顶"从此处开始，成功之后再回到这里。一旦进入轨道，它会作为高空避难所留在那里。它将成为不同世界之间的桥梁，这将使宇航员在月球上的探索和工作成为一项越来越常规的活动，至少对"专业登山运动员"来说会是如此。并且它还将成为一块跳板，让人类能在 10 年后实现火星大跃进。

下图 用于运输宇航员的三种宇宙飞船："猎户座"（美国国家航空航天局）、载人龙飞船（SpaceX）和载人星际客车（波音）。图片来源：美国国家航空航天局。

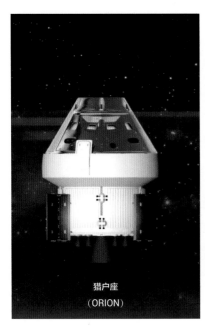

猎户座
（ORION）

龙飞船
（CREW DRAGON）

载人星际客车
（CST-100 STARLINER）

上图 由蓝色起源、Dynetics 和太空探索技术公司 SpaceX 设计的三款月球着陆器。图片来源：蓝色起源、Dynetics、SpaceX。

阿波罗的孪生姊妹

阿尔忒弥斯是希腊的月亮女神，阿波罗的孪生姐姐，她照亮黑夜，守护旅者。所以她是地球轨道以外新冒险的保护神。同时她也是伟大力量的象征，下一个在月球土地上插上星条旗的将是一名女性。也许会是在 2024 年，但为了赶上进度，必须进行大量投资。美国阿尔忒弥斯计划于 2017 年启动，包含了一些在奥巴马执政期间已经在研究的项目，例如猎户座飞船和新的发射系统——太空发射系统。该项目受到政府的大力推动，鼓励越来越多的私人参与其中，为此，美国国家航空航天局和政府不再只是普通的乙方，而是购买"交钥匙"服务的买家，例如，订购货物运输和宇航员运输服务。此类典型案例在未来几十年里的转变将为空间资源的开发铺平道路。

私人公司正在研制新的登月系统并非偶然。进入决定性阶段的分别是 SpaceX、Dynetics 和由杰夫·贝索斯的蓝色起源领衔的公司联盟"国家队"的项目（但最终将选择两个）。对这三个项目的要求包括对接的兼容性，例如与月球门户和猎户座飞船的对接。与所有的长途旅行一样，未来的宇航员将不得不从一艘飞行器转移到另一艘飞行器上。Dynetics 的设计概念是一颗增压的"心脏"，宇航员将在其中找到自己的座位。它将为他们在月球表面的停留提供庇护，至少在最初阶段，预估的持续停留时间不会超过一周。因此，完整的旅程包括乘坐飞船离开地球，到达月球轨道。在那里，等待"碰头"（第一次飞行将不在空间站停留），与着陆器在轨道会合点对接。然后，登上着陆器，下降。

由蓝色起源领导的国家团队提出的想法是一种由两个元件组成的飞行器，上面添加了一个运输模块，一直"驱动"到着陆前不久。再出发时，只有预定返回的上升模块舱与宇航员一起，从着陆器上分离。这种操作让人想起阿波罗飞船返回时的场景。最后是埃隆·马斯克的星际飞船。从理论上讲，它可能是有史以来最强大的火箭，能够自行起飞、在轨道上加油并着陆。装载和运输人员的容量很大，还有一个无法忽略的因素——这将是最经济的解决方案。

然后就到了该认真起来的时候了。阿尔忒弥斯计划的任务将不再是"碰一下就跑"的参观式访问。前往月球将成为例行公事。人类文明的一部分将在月球上成长和成熟，但那里的游戏规则与地球上的略有不同。我们要考虑到我们的天然卫星缺乏大气层和磁场，所以生命支持系统和保护系统至关重要，特别是如果停留时间将持续数天或数周。尼尔·阿姆斯特朗、小埃德温·尤金·奥尔德林以及其他跟随他们的人进行的"月球行走"，慢动作的跳跃和反弹，向我们展示了月球上的一切是多么的不同。与地球上相比，重量变成了六分之一，即便是为了避免绊倒，我们也必须重新进行计算并采取相应措施。

寻找能源和财富

月球并不好客，前往那里与去往西印度群岛或美国边境的路线并不相似，那种征服新大陆的努力仅以加利福尼亚州为限。但在历史上，人类已经学会了充分利用恶劣的环境中的稀有资源——从极地冰川到无垠沙漠。而月球则有点"兼而有之"，在那里有用的东西只能在唯一存在的"东西"（土壤）中找到。在太空中的淘金热是对能源的追求。

作为 21 世纪的占卜者，他们将去寻找水源，没有占卜棒，而是借助探测地面和底土的卫星和探测器。目的有很多，比如发现容易获取的冰沉积物（月球上不存在液态水），存在地下或永远处于阴影里的陨石坑中，意味着能够为人类殖民地的需要提供储备。这就是我们想到"完整意义"水的时候。它由氢和氧组成，可以通过简单的化学过程进行电解分离。后者是我们用来呼吸的物质，所以它是生存的基础。但同时氢气和氧气也是燃料，可以用来为发电机、探测器、建筑机械提供动力，也可以用作火箭的推进剂。为了给殖民地供电，还可以选择核能，即裂变反应堆。另外还有可靠的太阳能电池板，但是目

月球上的天气

月球上没有我们理解的所谓"天气"。但是，在那里生活，也必须注意会有"下雨"的威胁。事实上，月球没有磁场，而磁场会阻挡来自太阳或星际空间爆发的高能宇宙射线。它们主要由质子和氦原子构成，撞击生物可能会造成致命后果。月球没有大气层可以过滤来自太阳的有害辐射，比如紫外线和 X 射线。此外，月球还被大量物质——主要是微陨石——轰击，同样由于缺乏大气层，它们以极快的速度直达月球表面。地球也是许多宇宙"小石头"的目标，但我们头顶上方 100 千米厚的大气层能让我们的生活平静得多。

前仍然难以产生足够的能量，比如，用来起飞。

自苏联的"月球9号"探测器在1966年首次对月球表面进行近距离拍摄以来，我们已经对它的组成有了很多了解，这要归功于宇航员带回地球的样本，尤其是几十年来对绕月轨道运行的人造卫星所进行的分析。我们发现，在覆盖月表的灰尘和岩石之中，可以找到一些在地球上不常见的元素，比如氦-3，它可以在未来通过核聚变产生能量；还有稀土（名字已经说明了一切），这是我们用来为便携式通信设备制造电子元件的化学元素，如今在地球上已经成为决定经济发展和地缘政治命运的战略性资产；另外，还有各种贵金属，比如铂。

这些可能是企业家们瞄准这个区域来投资做生意的目标。阿尔忒弥斯计划的第一次载人任务（称为阿尔忒弥斯3号任务）将主要用于科研目的，以更多地了

新型月球车

美国国家航空航天局已邀请各家公司提交月球表面新型交通工具的方案。在最后三次阿波罗任务中使用的月球探险车都是由电池供电的，从某种程度来说，是一次性设备，即使是为了满足当时任务的需要。

新的车辆必须具有更可持续的性能，由现场资源提供动力。其中一个设计让人联想到敞篷"越野车"，是没有增压的；其他的设计包括封闭式的车辆，无须穿戴航天服即可使用，由充电式太阳能电池板供电。与此同时，丰田汽车公司为日本航天局设计了一款带有氢燃料电池的月球车"月球巡洋舰"。

解我们这颗天然卫星的环境、历史以及它所能提供的东西。但在这之前将由机器人先完成任务。向另一个天体（无论是月球还是火星）发射探测器的成本无法与人类任务相提并论。失败的成本可能是数亿乃至数十亿美元。庞大的数字，但还可以列入预算。而失去一船机组人员甚至仅仅一名宇航员都是不能接受的。要保证一切安全、高效并保护人体免受冰冻和辐射的需求，导致成本上升了几个数量级。因此，几十年来，我们不断派出我们"忠实的仆人"——机器人，它们虽然没有灵魂，但几乎不知疲倦。

出于这个原因，两个机器人于 2021 年飞往月球，前往两个有意思的地点进行勘察："死湖"撞击坑和"风暴洋"平原。它们的工具用于分析土壤的成分和月球环境。一个四条腿的小型机械探险家去寻找熔岩管（在月球上，古代熔岩现象留下了几个这样的空洞），有一天这可能是个作为避难所的不错选择。其他任务，包括 2022 年两次任务以及 2023 年的多次任务，私营公司将始终作为主角，继续测试对探险者有用的技术。其中包括 VIPER（挥发物调查极地探索漫游车），一辆高尔夫球车大小的漫游车。它会在阴影中四处游荡寻找水冰，那是我们可以"安家"的地方。

月球上的村庄

月球上有一个地方，白天和黑夜在那里相遇，没有日出，日落也很罕见。在这个对立面并存的地方，就有合适的条件。我们说的就是南极，美国国家航空航天局为"大回归"选择的目的地。这似乎是一个悖论：在

外星建筑

　　3D 打印对于制造未来的月球基地非常有用。
整体构想是从地球上带去一个管状结构的装置，
然后用一个充气的圆顶覆盖它，最后用月球的风
化层作为原材料进行 3D 打印后在结构上铺开。

● 图片来源：欧洲航天局 / 福斯特建筑事务所。

上图 SOM 建筑设计事务所为欧洲航天局设计的月球
栖息地。图片来源：SOM 建筑设计事务所。

地球上，两极地区的生活，特别是对人类来说，尤为困难。我们知道在月球上白天会持续两周，然后是
15 天的黑暗。这就和在沙漠中必须找到绿洲是一个道理。在靠近南极点的沙克尔顿陨石坑的中心，是永
久的黑暗。那里的冰永远也不会融化。然而，在它中心周围的界限范围内，在 90% 的时间里，恒定地处
于阳光的照耀下。一年中的每一天，都充满了能量（能源）。月球村如果不放在这里，还能放在哪里？

　　1971 年 2 月 5 日的《新闻报》上，就在阿波罗 14 号登月的消息传出之后，一篇文章试图想象一
个似乎很近的未来："过几年，建一个村庄？"署名是一个叫奇安弗兰科·皮亚泽西的人，引用了周刊《经
济学人》里的一段话："不顾一切所作的预测，在外行看来十分大胆。"他如此大胆地想象，"到了 80
年代，在第一座太空小屋建成之后，肯定会在月球上建立一个稳定的人类住所。1990 年后，在月球上
诞生第一个孩子：到了 2000 年，人类将拥有真正的月球城市，拥有稳定的数千居民。"

　　我们晚了 50 年吗？不完全是。事实上，几乎没有人能够理解科幻小说何时能成为一个可能的世界，
以及这个世界将于何时出现在地平线上。沃纳·冯·布劳恩认为我们早在 20 世纪 80 年代就可以去火

星了。没错，正是这位皮亚泽西引用了尼克松政府削减太空计划预算的例子，当时的美国陷入了越战的泥潭，通货膨胀，失业率飙升。这部太空探索长篇小说的第一章节就那样结束了。月球被遗忘了几十年，现在是时候回去了，留下来。

对探险家们来说，会很辛苦。就好像大篷车之于旧西部的商队，为了生存，居住、休息和工作的第一个庇护所将是着陆器本身。然而，当工作需要持续进行时，就有必要找到更耐用的庇护所、更宜居的环境和比一个运输舱更宽敞的空间（总要比阿波罗飞船更舒适）。设计一个"月球村"意味着充分利用那里的一切，即建筑材料和地下资源。

这里不乏创意。先将一切"预制"，完全在地球上建造，然后发射并放置在月球上。从技术上来讲，这是最简单的解决方案。将它们生产并连接在一起，实用可行而无须发明任何新的东西。由于欧洲航天局按照管理层的意愿，在月球村庄设计方案方面投入了大量资金，提案成倍增加。最近，SOM 建筑设计事务所与欧洲航天局合作，提出了其愿景——建造一座四层楼高的充气月球宫殿。

上图 由地球上建造的元素组成的第一个月球村。图片来源：欧洲航天局。

发射时，大量空间被压缩，一旦到达目的地，空间就会膨胀扩大。

但如前所述，等待开拓者的环境是充满敌意的，而辐射是最狡猾的敌人。房屋必须用来保护人员安全和抵御各种危险。需要的东西已经在那里了，类似推土机的机器人将在人类技术人员的监督下，负责收集土壤和堆积坡地。这似乎是从半个世纪前的艾萨克·阿西莫夫的科幻小说中走出来的场景。我们实际上看到了一个从未如此接近的未来。

人类可以就地取材利用的任何物资，这意味着从地球运送的补给将变得数量更少，重量更轻，成本更低。这样就能有更多的空间用于运输其他特殊物资，例如机械设备、生命支持系统和科学实验。

但是，如果一切从头开始建造呢？可以再次利用月球风化层，也就是我们天然卫星的表土来完成。欧洲航天局的工程师们早在几年前就想到了这一点。建筑机器人将包揽所有的脏活，收集土壤并逐层打印将用作庇护所、实验室和家的"冰屋"。这些想法看起来像月球一样遥远，但它们是一种进步。在贫穷国家，房屋 3D 打印等技术可能是未来生活的一场革命，成本更低，资源和能源的浪费也会更少。这是在这个星球上更加可持续的一种生活方式，它比月球更好客，但我们却没有善待它。

特别是在一开始，我们将依赖从地球送来的补给。但渐渐地，这个村庄将越来越自给自足。让我们来想想食物。在特殊的温室中种植植物，并确保安全地灌溉、光照和营养系统，长期以来是太空技术及其他领域科技研发的一部分。在国际空间站，轨道上种植的莴苣已经成为宇航员菜单的一部分。还有一些东西，在你需要用之前，永远也不会想到的备品备件。是否自给自足以及宜居的程度也需要根据解决问题的效率来衡量——比如出现小问题需要更换螺丝，或者重大故障——比如换气扇坏了。在月球上，不存在什么戏剧性的桥段，这是生死攸关的问题。每一位优秀的宇航员都能熟练使用 3D 打印机，他只需要加工材料，就能在几个小时内得到所需要的形状（一把扳手、一颗铆钉，甚至一整个装置），外加一份简单的文件，其中包含要提供给打印机的使用说明。后者可以通过"月球门户"或卫星连接确保信号从地球发送，很快互联网也将被带上月球。感谢这些技术，我们很快就能 24 小时不间断地观察在另一个世界表面工作的宇航员们的生活。

与中国和平竞争

美国已经几十年没有"触碰"月球了。就像半个世纪前一样，我们不得不期待一场新的较量。这一次是中国，可能会与俄罗斯并驾齐驱。事实上，自 2007 年以来，中国已经执行了四次登月任

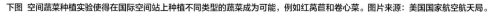

下图 空间蔬菜种植实验使得在国际空间站上种植不同类型的蔬菜成为可能，例如红莴苣和卷心菜。图片来源：美国国家航空航天局。

《阿尔忒弥斯协定》

鉴于新一轮的登月活动将变得越来越激烈，美国已向各国提出加入《阿尔忒弥斯协定》的建议，这是为未来探索和开发月球奠定的一系列基础原则。协议还提到了火星、小行星、彗星以及往返这些天体的轨道路线。特别强调要和平利用和开发"安全区"，这是为了保护每个国家（及其企业）对其所在基地周围相关区域的所有权，避免在根据定义不属于任何人的领土上发生冲突。例如，为了促进合作，需要建立共同的技术标准、保证活动的公开透明和科学数据的共享共用。最后但同样重要的，是对过去光荣使命所留下的历史遗迹进行保护。

务①（嫦娥，以中国月亮女神的名字命名），全部使用的机器人。最后两次任务将着陆器和月球车带到了月球表面。上一次是在 2018 年，这是一次历史性的着陆，完成了人类对月球背面的首次探测，是一项史无前例的技术成功。"玉兔 2号"月球车上还有一颗"鹊桥"中继星，这是一颗被放置在正确轨道上的小型卫星，可以与地球建立无线电桥梁，通过它可以接收数据和发送指令。因为从通信的角度来说，月球背面对我们而言是黑暗的一面。接下来的任务，和阿尔忒弥斯计划一样，将派出机器人来分析地形并将新的技术解决方案付诸实践，包括资源开发；同样，目标也是月球的南极。与俄罗斯一起，中国也正在考虑在那里建立一个基地，以容纳中国宇航员和其他国家的宇航员。

上图 使用模拟月球土壤的材料制作的 3D 打印"砖"。图片来源：欧洲航天局。

① 现已于 2021 年底成功实施"嫦娥五号"月球采样返回任务。——译者注

下图 SOM 建筑设计事务所为欧洲航天局设想的月球基地的其中一张内景设计图。图片来源：SOM 建筑设计事务所。

下跨页图 阿尔忒弥斯计划任务成员名单。图片来源：美国国家航空航天局。

但月球将成为实现其他目标的跳板。实地测试以了解人类是否以及如何能够在太空中长期生活。在那里，我们将找到在外星场景中生活和工作的工程解决方案，那里的一切都会提醒我们，我们是外星人，危险将在距离皮肤一英寸的地方——只隔了航天服薄薄的一层。

"月球门户"空间站或者月球表面的太空港将成为人类星际旅行的出发点。因为我们所说的想法、项目和技术，由来自数十个不同国家的众多研究人员、高等院校和科技公司共同研发，这将是在火星上生存的基础。我们的天然卫星只是一个试验场，因为它离家只有一箭之遥，可以对数百万千米以外的许多其他任务进行试验。在相关题材的众多电视剧之一的《远漂》中，设想了一个国际机组人员的任务：俄罗斯人、美国人、欧洲人和一名中国宇航员，他们必须成为第一批降落到红色星球的人。在月球上共同生活并肩作战以后，当某一天我们真的要向火星进发时，谁又能说我们不会真的一同前往呢？

新拓荒者们

9 名女性和 9 名男性，他们是美国国家航空航天局推出的第一支"阿尔忒弥斯团队"。其中很有可能还有第一位登上月球的女性宇航员。拥有不同经验和知识的新一代拓荒者，将以探险家和殖民者的身份面对挑战，因为在外星探险中，不能让任何事件成为偶然。事实上，除了退伍军人、战机飞行员和飞行工程师外，美国国家航空航天局还选择了其他一些实用的专家来应对和解决可能出现的问题和紧急情况。其中 3 人是医生（乔尼·金、弗兰克·鲁比奥和凯尔·林德格伦；最后一位同时也是生物学家），随时准备在同事受伤或生病时进行干预。

约瑟夫·阿卡巴和杰西卡·沃特金斯是地质学家，负责探索和寻找水资源，这可不是第二专业。另外，凯拉·巴伦是一名核动力工程师和潜艇军官。因为在能源生产的解决方案中，还包含了放射性元素发电设备。

马修·多米尼克　　　　维克多·格洛弗　　　　沃伦·霍伯格

杰西卡·梅尔　　　　　安妮·麦克莱恩　　　　妮可·曼

贾斯敏·莫赫贝里　　　凯思琳·鲁宾斯　　　　弗兰克·鲁比奥

约瑟夫·阿卡巴

凯拉·巴伦

拉贾·查里

克里斯蒂娜·科赫

凯尔·林德格伦

乔尼·金

斯科特·廷格

杰西卡·沃特金斯

斯蒂芬妮·威尔逊

第七章

火星：最后的边界

2021 年 2 月，美国国家航空航天局的"毅力号"探测器抵达火星。现在让我们考虑把人类变成"火星人"。也许人类文明真的会成为一个多星球存在的文明。

2016 年 9 月，在第 67 届国际宇航大会上，埃隆·马斯克讲述了他将如何殖民火星，并且延续他一贯的风格，他让所有人都大吃一惊。他展示了一艘载有 100 人的星际飞船，起飞后到达地球轨道。与此同时，第一级火箭返回地球，带上一个燃料箱，再次发射，为等待中的星际飞船加油。燃料加满后，飞船出发前往红色星球。

在过去的 5 年多时间里，这段描述一直在持续，并逐步增添了很多细节，当然马斯克对于社交媒体来说本身就具有一种不可抗拒的吸引力。按照 SpaceX 这位创始人的说法，"每天飞行 3 次，一年就能飞行 1000 次"，每次搭载 100 人，在短短 10 年内就可以运送 100 万人。很简单的算术，不是吗？

但现在，（至少在马斯克向我们展示一切真的那么容易之前）先让我们脚踏实地回到地球，考虑到我们还没有再次触碰月球的土地，让我们先试着了解一下这一伟大壮举的事业范围。展望未来是人类的天赋。但是，如果把访问我们的天然卫星比作到市中心散步，那么抵达火星则意味着实现一场洲际旅行。意大利宇航员卢卡·帕尔米塔诺这样总结："月球比国际空间站远一千倍，火星比月球远一千倍。"当然，我们想要征服的这两个世界也存在一些共同点，这就是为什么月球，正如我们所看到的，将是我们能否走得更远的试验场。但差异如此之大，以至于火星之旅将是有史以来最冒险的尝试。

往返

到达火星，即使只是进行一次短暂的探测任务，也意味着切断与地球的脐带，而地球是整个太阳系中，我们唯一可以确信存在生命的地方。如果出了什么问题，你无法掉转方向立马回头。"倒挡"

拓展阅读
这里是月球基地

阿波罗任务中，"土星 5 号"的起飞质量只有 2% 到达了月球。剩下的燃料和火箭零部件都是一次性的。但是，所有的重量从静止状态开始发射，一直运送到目的地，并不总是最有效的解决方案。事实上，一种更经济的方法是将整个过程分几步完成。比如，在轨道上加油（如马斯克想象的那样），甚至在大气层外组装宇宙飞船，从一个更有利的位置开始第二次飞行。沃纳·冯·布劳恩早在 20 世纪 60 年代中期就提出了这个想法。但另外还存在一个理想的火星发射基地——月球。与地球相比，从月球表面起飞所需的能量最多可以减少到十分之一。如果真的有可能从我们在那里发现的水冰中提取燃料，那么从地球上运送一个庞然大物来补给燃料可能就变得不那么必要了。又或许，可以在月球轨道上做同样的事情，或者利用我们这颗卫星附近的另一个前哨，"月球门户"。从这个等待对接的停泊港，朝着深空出发。

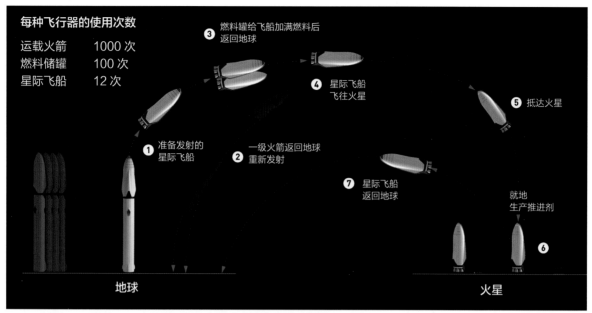

③ 燃料罐给飞船加满燃料后
返回地球

④ 星际飞船
飞往火星

⑤ 抵达火星

① 准备发射的
星际飞船

② 一级火箭返回地球
重新发射

⑦ 星际飞船
返回地球

就地
生产推进剂

⑥

地球

火星

上图 火星殖民系统：通过在轨道上加油和重复使用的火箭和宇宙飞船来实现。图片来源：SpaceX。

在太空中是不存在的。如果像阿波罗 13 号那样的事故发生在穿越火星的过程中，返回的时间不是几天，而是几个月，甚至超过一年。从这里到红色星球的路上，其实什么都没有。唯一的机会，唯一可以进行"U"形转向的"引力枢轴"，将是火星本身。到了某一时刻，打破了这一魔法的马斯克说："你准备好赴死了吗？如果对你来说这不是个问题，那你将有可能成为出发的候选人。"但到目前为止，在没有合理的推断确定可以重返地球的情况下，还没有哪个宇航局会将人类送往火星。

这是一个涉及系统效率、心理科学和神经科学等方面的技术挑战，应是我们力所能及，但仍有诸多问题需要克服。

星际飞船需要 7—8 个月才能到达火星。中国和阿拉伯联合酋长国 2020 年发射的探测器，就用了这么长时间。还有美国国家航空航天局 2020 年 7 月发射的"毅力号"火星车，于 2021 年 2 月抵达目的地。

要派遣人类，需要平衡一些变量，比如起飞质量、发动机功率，当然还有持续时间。机器人是自给自足的。但是假设要派遣 4 名机组人员，就需要生活空间和生存系统（空气、水和食物）。因此就需要更强大的发动机。另外，由于机组人员在飞船内要度过几个月的时间，即使光线充足，我们也知道微重力会对

每 26 个月一次机会

根据发动机的功率不同，前往火星的旅程需要 6—9 个月的时间（像往常一样，埃隆·马斯克打赌他能将这段时间缩短至 80 天甚至更短）。根据美国国家航空航天局的说法，按照目前的技术，如果在火星表面停留几周，一次完整的任务大约持续一年。如果在那里度过一年时间，那么整个任务周期将长达近 3 年。事实上，我们必须考虑到，地球和火星这颗红色行星围绕太阳运行的周期不同，它们每 26 个月靠近一次，那将是旅程开始（或返回）的机会。

上图 天空起重机，一种美国国家航空航天局用来在火星土壤上放置漫游车的太空起重机。这是对"好奇号"和"毅力号"使用的方法。图片来源：美国国家航空航天局／喷气推进实验室。

人体产生影响：例如，对骨密度、肌肉质量、血液循环和视力都会有影响。所以越早到达那里越好。此外，还从来没有人在地球磁场之外度过这么长时间。那里的辐射雨，如果没有足够屏障的话，是致命的。而且，再强调一下，在如此狭小的环境中生活这么长时间，可能会对人的心理健康产生不可预测的影响。这些问题，对"毅力号"这样的漫游车来说，都不存在。

我们能等到马斯克与科技发展带给我们的梦幻技术吗？答案可能介于两者之间。当然，目标是确保第一批探险者能拥有一张回程票。我们现在喜欢的那些机器人（"勇气号""机遇号""好奇号"和现在的"毅力号"火星探测器）已经在火星上探索了很多年，它们去那儿是为了留下来。事实上，它们预计不会返回地球。这不单只是一个细节。美国国家航空航天局现在对自动探测器的"火星登陆"已经有了一些经验。然而，要对载人飞船这样笨重而脆弱的载荷进行操作，那是两码事。从那里起飞，走一条返程路线，则是一项史无前例的创举。首先，必须带上推进剂。至少在我们拥有就地生产的技术之前，它将作为压舱物，从地球上开始装载，即使在火星上要克服的重力只有地球上的三分之一左右。

生存问题

火星基地已经存在于地球上。这些被称为"火星类似物"的，就是恶劣的环境结构，比如戈壁荒漠或者极地冰川，人们在那里"训练"在火星上的生活。与

拓展阅读
冬眠

星际旅行中许多问题的解决方案可能是冬眠，也就是说，实现一种新陈代谢减慢甚至超过90%的无意识状态。欧洲航天局和美国国家航空航天局的科学家们正在研究其机制。从季节性冬眠中醒来的动物，不会像经过数月的睡眠或静止那样经历肌肉质量和骨密度的减少。如果即使在微重力环境中也是如此，这也许将解决失重对身体的影响问题。此外，处于暂时失活状态的细胞会产生抗辐射能力，这将被证明是至关重要的。最后，就时间感知而言，旅程感会缩短；与世隔绝带来的心理压力和影响将不再是问题。虽然总是需要有人去照顾这些旅伴，但在空间和重量方面肯定能节省很多。这就是有一天我们去其他星球旅行的方式吗？我们不得而知，我们甚至不知道它是否适用于人类。但有一点可以肯定的是，这已经不再是科幻小说里才有的情节了。

世隔绝，通信的延迟模拟了与红色星球之间的距离，外出探险要穿上航天服。看起来有点像呆板的角色扮演游戏，但这些社交试验和研究实验的结果将有助于真正的探险。事实上，如果说在月球上还能组织"闪电"任务，那么前往火星的旅行和停留时间会大大延长。关于火星基地，首先要考虑的是装备一个营地。

要做到这一点，我们必须提前行动，也就是说，首先通过无人任务，运送一些最重和最重要的东西。通过货物运输，将发电系统、增压环境、用于制造空气和生产食物的机械设备以及所需的相应补给先搬运到那里。根据在火星表面停留的时间是数周还是数个月，需求会有所不同。待组装和安装的温室也将提前发射，在第一个外星花园种植农作物。但是，鉴于火星土壤已经被氧化，并被与生命不相容的辐射轰击了数十亿年，因此连同这一切一起出发的，还有大量必不可少的

为人类的到来开辟道路

"毅力号"是迄今为止派往另一个星球最先进的漫游车。它也是第一台不仅要为科学目的研究周围环境，还要为第一次人类任务做准备而来到火星的探测器。在它的众多仪器中，还有一台雷达，用于勘测深达 10 米的底土。正如所有探险家都知道的那样，找到水源是在未知土地上执行的第一项任务。但最重要的是，它带来了一台实验机器，可以从大气中的二氧化碳中提取氧气。里面还有织物面料和遮阳板，这是用于测试未来太空服的新型材料。

下图 借助"毅力号"，织物和材料的样本也已抵达火星，必须在充满辐射的环境中进行测试。美国国家航空航天局约翰逊航天中心的艾米·罗斯正在研究如何制作一种新型航天服来保护火星上的宇航员。图片来源：美国国家航空航天局。

土地、肥料和养分。

　　这在经济上和技术上都必须竭尽全力，这份努力是如此巨大，以至于它必须是国际合作的结果。作为回馈的奖赏将伴随人类进行有史以来最伟大的科学探险。

　　第一批从梯子上走下来的人类将见证这个到目前为止，我们只能通过机器人的电子眼来观察的世界。这些拓荒者们将采集样本，挖掘、分析岩石和土壤，或者将它们带到地球上，用更精密的仪器进行研究；做所有事情的效率都比机器的要高得多。最终，在一个新世界里，会有人用眼睛环顾四周，会有人用几秒钟的时间跨过漫游车在数小时或数天内行驶的距离，而且漫游车总是存在被困于某个洞中的风险。它们可以在现场做出决定，而无须等待来自地球的命令（当两颗行星相距最远时，信号需要 20 多分钟才能送达）。人是敏捷的，比机器聪明得多，且反应灵敏。但同时也要脆弱许多。

　　任何事情都不值得冒险，安全冗余是必不可少的，多余的库存和备份系统可以用来克服任何不便。第一次探索和之后的探索都必须长期遵守这样的协定，至少在一个能够完全自给自足的殖民地出现之前会是这样。以我们为月球所作的设

上图 在火星表面移动的概念漫游车。前部包含驾驶舱，后部是一个可以分离的实验室。图片来源：美国国家航空航天局 / 金·希弗莱特。

计为例，不排除会是"聪明的"机器人完成大部分准备工作，比如利用火星土壤资源，通过 3D 打印来建造庇护所。

这些是中长期目标，需要几十年的时间。与此同时，为了解决"火星问题"，研究如何解决地球问题的速度也将越来越快。事实上，在太空中投资的每一美元，都会带来成倍的回报，包括科技进步和生活品质的提高，它所带来的新型解决方案、医疗设备和治疗方法，帮助了那些（我们中的大多数）永远无法踏足火星的人。

火星作为殖民之地的魅力由来已久。19 世纪下半叶，意大利天文学家乔瓦尼·维尔吉尼奥·斯基亚帕雷利相信他在火星表面看到了河道，并认为它们可能是被季节性水流冲刷出来的。他还提出了一个具有启发性的假设——这些河道可能是人工的。但这是错误的。20 世纪下半叶发射的探测器证实了每个人都担心的事情，没有火星人，而且在这个星球上似乎没有生命形式，至少在表面上是这样。然而，最近探测它的漫游车则描绘了一幅更有希望的画卷，找到的证据表明它曾经富含水，并且可能适合居住。巨大的湖泊（可能是咸水，这可以防止它结冰）潜伏在南极附近的冰帽冰川之下。近年来欧洲航天局火星"快车号"等探测器的观测结果，重新点燃了人们的希望。

火星上会有生命吗？

　　"水"仍然是个神奇的字眼。在大名鼎鼎的小说《火星救援》以及随后改编的电影中，主角通过电解的方式从水中获取氢气和氧气，并确保氧气的供给用来呼吸。正如我们所看到的，这两种元素也是能源。如果说能为充电电池和生命支持系统提供能源的选择并不缺乏——可以从光伏太阳能电池板和核能发电机开始——那么也可以说人类没有水就无法生存。

　　换个角度看，哪里有水，有合适的条件，哪里就有生命。这些地下湖泊可能是我们想要成为一个多星球物种的真正原因。方法和目标都在那里。多亏了这些水，有那么一天，我们可能有机会让探险家们在一个并非我们物种诞生地的星球上生存（目前假设繁荣还为时过早）。

　　我们会住到火星上吗？像我们想象几年后住到月球上那样？利用我们建造的月球庇护所，保护房屋免受辐射和真空影响时所学会的技术？利用我们就地发掘和开采的土壤与矿物质？我们会去火星上做生

荒凉的土地

　　火星是最像地球的行星，在遥远的过去更是如此。它比地球更小，质量也更小，引力约为地球的三分之一。由于其倾斜的轴线，所以在火星上，季节也会更替。它有大气，但对人类来说太过稀薄也无法呼吸，因为它的大部分成分是二氧化碳。几十亿年前，水源冲刷了河道与河流，填满了湖泊和海洋。我们从它如何塑造出的景观中看到了这些，尽管现在已是一片荒芜。然而，火星没有磁场的保护，这意味着辐射直达火星表面，可以杀死任何生命形式，包括人类。

意，还是会因为我们毁掉了出生的摇篮而让火星成为我们新的星球？如果火星带给我们的不仅仅是简单认识和了解的好奇心，那我们很可能会一路有所发现。

　　为了到达那里所花费的精力将解决我们家园里的许多问题，而无须另寻解决方案。登陆火星将是大约 20 万年来，人类从非洲出发冒险前往每一片新大陆开始，对发现物种的渴望所能达到的顶点。几千年后，当我们的文明开始扪心自问（哪里是最高点时），也许每次我们仰望星空，就能找到答案。

发现生命存在或曾经存在于另一个星球上是一个划时代的启示。但是，找到生命第二起源的标志，即生命——独立于地球上出现的生命——在别处诞生的事实，将是一场生物进化史上的革命。虽然我们——尽管只是在想象中——已经准备好认为，事实不可能不是这样，但是我们仍然应该用另一种眼光来审视自己，即我们将面对我们是"正常物种"的证明。

如果我们没有发现其他生命形式，这依然是一个新旅程的开始，需要进一步调查、深入挖掘并继续探索，因为"如果只有我们，那将是浪费空间"，正如朱

寻找生命的机器人

火星上是否存在或曾经存在过某种形式的基本生命，这个伟大问题的答案至少目前要交给两辆漫游车来回答，美国的"毅力号"和欧洲的"罗莎琳德号"。第一辆车于 2021 年 2 月着陆在一个古老的湖底，它会去探寻有趣的结构，例如叠层石，这是数十亿年前微生物在地球上留下的沉积物。它将留下样本舱，这些样本舱将在未来通过火星样本返回任务回收并带到地球。另一辆是预计将于 2023 年初抵达火星的欧洲航天局探测器，它自带一个钻机（由意大利莱昂纳多制造）用来调查底土。在几米深的地下，没有受到辐射影响的地方，有希望仍然存在一些基本的生命形式。

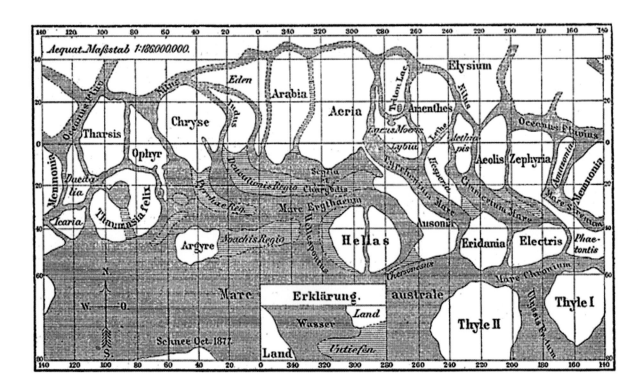

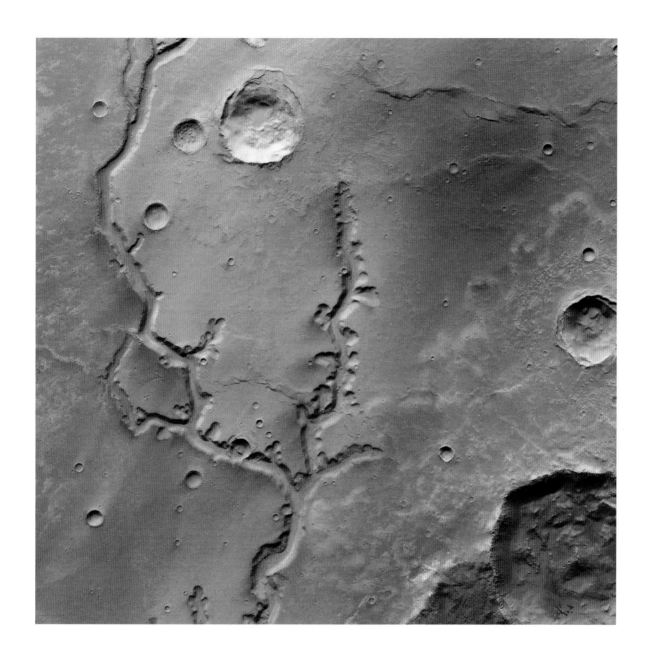

迪·福斯特在 1997 年的电影《超时空接触》中所说。因为我们生来就是为了寻找，并将地平线推得更远。我们这个时代伟大和有远见的梦想家、天文学家和科学推广者卡尔·萨根在去世前几个月记录的一条信息中用几句话总结了火星大跃进的意义，这条信息属于那些第一次实现这场征服的人："或许我们在火星上是因为我们意识到，如果在不同的世界上存在人类社区，那么我们在同一个世界中，由于灾难而灭绝的可能性要小得多。或许我们在火星上是因为我们在那里可以实现的非凡科技，在我们这个时代，一扇奇迹世界之门正在打开。又或许我们在火星上是因为我们必须这么做。因为在进化过程中，我们内心深处已经形成了一股游牧冲动。毕竟，我们生来是狩猎采集者，在地球上 99.9% 的时间里，我们都是旅行者，下一个旅行的目的地是火星。但不管你为什么在火星上，我很高兴你在那里，我想与你在一起。"

杰泽罗

　　杰泽罗陨石坑是一个古老湖泊的底部，曾有河流流入其中。河流在此形成了一个沉积三角洲（图中紫色部分）。据科学家称，这里是寻找过去生命的理想场所。美国国家航空航天局"毅力号"火星车就在这里着陆，正在寻找叠层石等地层，它们在地球上起源于潮湿环境中的古代微生物。

● 图片来源：美国国家航空航天局 / 喷气推进实验室－加州理工学院 / 质谱搜索系统 / 约翰霍普金斯大学应用物理实验室。

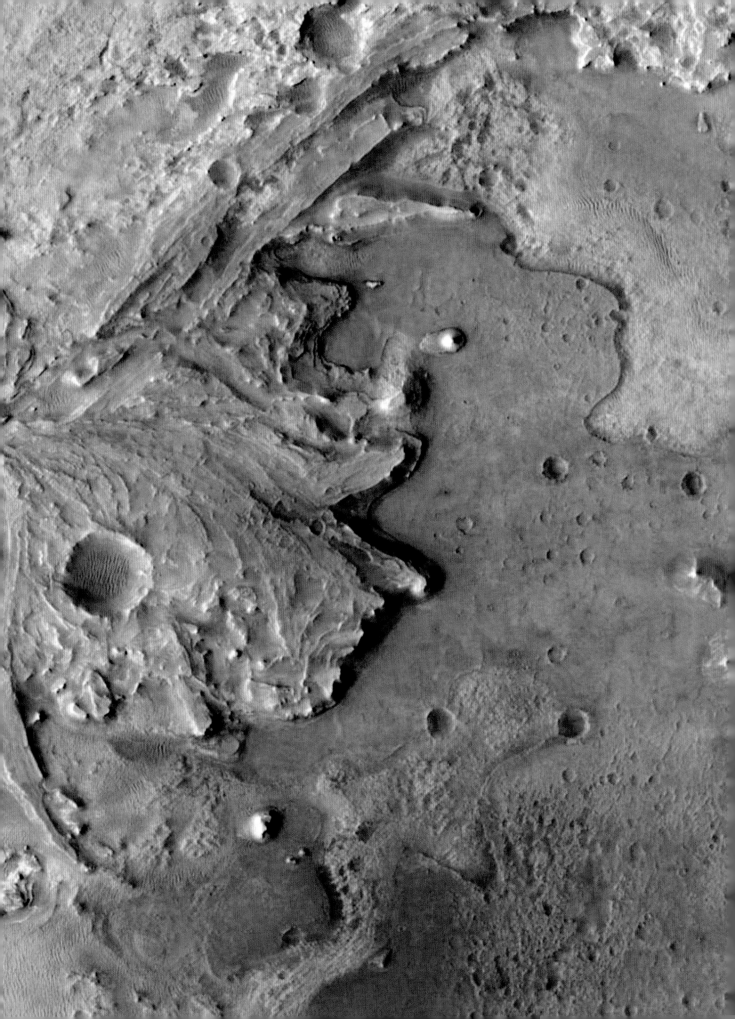

走向地平线

阿米地奥·巴尔比

根据普遍的假设，大约 20 万年前，人类物种的祖先智人开始了一段旅程，从撒哈拉以南非洲的一个小地区开始，逐渐在整个陆地领土上殖民。我们的祖先从他们的起源地开始迁徙的故事既纷繁复杂又引人入胜。

在一些失败的尝试之后，第一批现代人似乎很有可能最终在 7 万年前开始扩张到非洲大陆之外，在距今 5 万到 4 万年前首先到达亚洲，然后到达欧洲。殖民化的速度很慢，进展也是断断续续。仅在 2 万年前到达美洲，而最后的领土波利尼西亚群岛的人口，则可以追溯到 2000 年前。

这是一次令人印象深刻的旅程，除了其他信息外，它还告诉我们，我们的物种不喜欢长时间待在同一个地方。我们是天生的探险家，也是必然的探险家。我们无法抗拒未知领土的召唤，我们必须去看看，如果可能的话，占领它们。结果并不总是值得称道，人类到达一个新的环境的时间与某些其他物种完全消失的时间存在明显的相关性。无论如何，很自然地要问，这条道路是否始于遥远的过去，导致人类殖民整个星球，未来是否可以延伸到地球之外，延伸到太阳系的行星和卫星，进而延伸到太空深处其他恒星。

毫无疑问，这是许多人的共同愿望，至少在灵感层面上是这样。想象人类在地球以外可能的未来，这样的尝试激发了无数科幻作品的创作灵感。这些故事同时也提到了人类的祖先，他们的目光从未停止过超越当时的地平线。

然而，从实践的角度来看，人类在太空的殖民活动存在极大的困难。想象一下，

7 万年前，我们的祖先梦想飞越海洋。根据我们目前的知识水平，想要到达其他行星甚至其他恒星，也需要类似的技术飞跃。

太空是非常危险的。想想火星，它似乎是未来人类殖民最有希望的地方。这些定居者不仅要花费数月才能到达目的地，而且要经历复杂的旅程，并面临各种风险。一旦到了那里，他们就会发现自己不得不面对一个充满敌意的环境；与之相比，即使是我们星球上最难以生存的地方也显得那么熟悉而愉快。近年来，越来越受到私人企业家大力宣传的火星永久殖民目标，指日可待似乎不太可能。假设真的能实现，至少还需要几十年的时间。

那么，人类前往其他恒星的旅程目前完全不可能，但这并不意味着它不会发生。驱使人类探索的动力是十分强大的。然而，我们的后代可能会定居在其他星球上，又或许是在其他恒星系统中，与我们非常不同。

技术进步、基因操纵或者机器人与人工智能的杂交可能会使他们更适合太空旅行。但这些新新人类与我们，只会在遥远的地方存在一处相似的交集。

如果我们作为一个物种生存下去，我们的命运有可能是殖民其他世界。与此同时，我们能做的就是怀揣梦想，也许你也可以出一份力。毕竟近几年来机器人对太空的探索，已经让我们能够窝在客厅的沙发里，参观宇宙，遨游太空。

阿米地奥·巴尔比

天体物理学家，罗马第二大学副教授。研究兴趣广泛，从宇宙学到地外生命探索均有涉猎。出版科学著作逾百部（篇），是国际天文学联合会、基础问题研究所、国际宇航科学院 SETI 常务委员会与意大利天体生物学学会科学委员会等多家机构成员。在科普方面，多年来为意大利《科学》月刊撰写专栏，参与过相关广播和电视节目制作，在包括意大利《共和报》和《邮报》在内的多家报纸和期刊上发表过文章。出版多部书籍，其科普哲理漫画《宇宙连环画》（Codice 出版社，2013 年）被翻译成四种语言。2015 年，凭借作品《寻找奇迹的人》（Rizzoli 出版社，2014 年）获意大利国家科普奖。最近一部作品为《最后的地平线》（UTET 出版社，2019 年）。

作者介绍

詹卢卡·兰齐尼

在少年时参观米兰天文馆后对天文学产生兴趣，毕业于天体物理学专业，论文涉及太阳系外行星。毕业后，他在该天文馆担任了几年的科学负责人。随后，他转行从事科学新闻工作，加入《焦点》月刊的编辑部，现在是该杂志的副主编。他已经出版了十几本普及读物，包括与玛格丽塔·哈克合作的《一切始于恒星》和《令人生畏的恒星》以及最近的《为什么他们说地球是平的》，后者的内容涉及地平说和科学方面的假新闻现象。但他并没有忘记行星的世界。2009 年，他创立了意大利行星协会，自 2012 年起担任该协会主席。

埃米利奥·科奇

记者、作家。为《连线》(《科技》杂志意大利版)、《晚邮报》和《24 小时太阳报》撰稿，内容涉及数字文化、电子体育和航空航天知识科普。自 2019 年以来，指导编辑《福布斯意大利》和《宇宙》杂志的太空经济部分。2020 年，担任纪录片《星空侠》和《太空超越》的科学顾问，《星空侠》专门介绍了欧洲航天局宇航员卢卡·帕尔米塔诺的太空任务"超越使命"。埃米利奥·科奇是 Sky 511 频道和 Tivùsat 61 频道《福布斯太空经济》的主编和主持人。最新著作有《青少年的社会退缩》(2019 年，Raffaello Cortina Editore 出版社)、《我就是能量》(2020 年，Salani Editore 出版社)和《未来空间》(2021 年，Bfc books Telespazio 出版社)。

马泰奥·马里尼

　　出生于罗马涅大区，毕业于博洛尼亚古典文学专业，论文有关罗马考古学，但对于考古挖掘的热情没有得到回报。之后他前往乌尔比诺大学新闻学院学习，在那里他发现了自己对新闻事业的热爱。随后，他留校任教，致力于培养更优秀的年轻一代记者，并获得成功。他热衷于调查性新闻报道，并满怀热情与 *Espresso* 开展了合作。他喜欢在《共和国报》讲述天空舞台上发生的事。恒星、太空探测器、新世界和黑洞是他最喜欢的主题。他为《宇宙》和《福布斯》撰写了关于卫星、新太空经济和太空文明愿景的文章。他的文章还涉及科学、环境以及未来。他很享受在里米尼的生活，尤其喜欢冬天，就连呼吸都充满了愉悦的气息。在那里，他还与省级天文台合作打击有组织犯罪。他还撰写了有关罗马涅黑手党渗透的著作《新型管理》（2014 年，Round Robin 出版社）。

出 品 人：许 永
出版统筹：海 云
责任编辑：王庆芳
　　　　　方楚君
　　　　　杨言妮
责任技编：吴彦斌
　　　　　周星奎
特约编审：单蕾蕾
特邀编辑：邢伊丹
封面设计：张传萱
内文制作：万 雪
印制总监：蒋 波
发行总监：田峰峥

发　　行：北京创美汇品图书有限公司
发行热线：010-59799930
投稿信箱：cmsdbj@163.com

官方微博

微信公众号

小美读书会
公众号

小美读书会
读者群